不
如

READING

不 如 讀 書

改变
人生的
微习惯

［日］三浦将——著

徐凯蒂——译

Shoma
Miura

自 分 を 変 え る 習 慣 力

人民东方出版传媒
People's Oriental Publishing & Media

东方出版社
The Oriental Press

图书在版编目（CIP）数据

改变人生的微习惯 / （日）三浦将 著；徐凯蒂 译著 . — 北京：东方出版社，2022.9
ISBN 978-7-5207-2753-2

Ⅰ . ①改… Ⅱ . ①三… ②徐… Ⅲ . ①习惯性－能力培养－通俗读物 Ⅳ . ① B842.6-49

中国版本图书馆 CIP 数据核字（2022）第 060009 号

Jibun wo Kaeru Shukanryoku
by Shoma Miura
Copyright ©2015 Shoma Miura
Simplified Chinese translation copyright ©2020 Oriental Press,
All rights reserved

Original Japanese language edition published by CrossMedia Publishing Inc..
Simplified Chinese translation rights arranged with CrossMedia Publishing Inc.
through Hanhe International(HK) Co., Ltd.

本书中文简体字版权由汉和国际（香港）有限公司代理
中文简体字版专有权属东方出版社
著作权合同登记号 图字：01-2022-1407号

改变人生的微习惯
（GAIBIAN RENSHENG DE WEIXIGUAN）

作　　者：[日]三浦将
译　　者：徐凯蒂
责任编辑：王夕月
出　　版：东方出版社
发　　行：人民东方出版传媒有限公司
地　　址：北京市东城区朝阳门内大街 166 号
邮　　编：100010
印　　刷：北京联兴盛业印刷股份有限公司
版　　次：2022 年 9 月第 1 版
印　　次：2022 年 9 月第 1 次印刷
开　　本：880 毫米 ×1230 毫米　1/32
印　　张：8.25
字　　数：140 千字
书　　号：ISBN 978-7-5207-2753-2
定　　价：58.00 元
发行电话：（010）85924663　85924644　85924641

目录

第6章

改变工作与身体的习惯养成法

改变工作的习惯

改变身体的习惯

第 7 章

改变人生的习惯养成法

卷首语

想要坚持却怎么也坚持不下去。为了健康、为了减肥，甚或是为了自我研究而想要养成良好的习惯，做了无数次却怎么也坚持不下去。

想要改掉坏习惯，养成良好的习惯，尝试了无数次却都难以坚持下去。

在拿到本书之前，虽然已经试着参考了很多本关于习惯化的书籍，但却毫无进展。

你是否也有这样的经历呢？

即使你也如此，那也没有关系，不用选择放弃。那只是因为你没用对方法而已。

若是在理解了人类本性的基础上采取一些方法，习惯实际上是很容易养成的。这种所谓根本性的东西，就是让潜意识成为你的朋友。

"潜意识"与"电脑""原子能"并列，被称为 20 世纪的三大发明之一。自从精神分析领域著名的西格蒙德·弗洛伊德等人提出"潜意识"以来，一直到 21 世纪，关于它的研究都在不断发展着。

习惯化的进程不顺利，是因为它在你没有意识到的内心深处，正在遭受潜意识的强烈抵抗。于是，你的状态就变成了这样：即使精神上想要前进，心底里却不自觉地踩下了刹车。

在精神上你觉得习惯性地运动是好的，但却完全无法养成这种习惯。在精神上你认为学习英语是好事，但却总是三天打鱼两天晒网。在精神上你觉得减减肥不错，但面对蛋糕点心却停不下手、管不住嘴。

这些全部都是你的潜意识在作祟。

本书就是要让你理解潜意识的特性，让你不再遭受潜意识的抵抗，甚至要教给你把潜意识变成朋友，从而来推进习惯化进程的划时代的方法。另外，随着阅读的深入，你也许会看到能够改变你、并且改变你人生的习惯的惊人力量。

一个习惯改变人生

01 一个好习惯带来的"蝴蝶效应"

一个公司职员的故事。

对漫无目的的未来感到焦躁和不安。

对工作、对整个人生、对每天所做的事情缺乏认同感。

无法认可自己，自我肯定感低。

看到了自己的能力和才能，也在实际工作中发现了自己的极限。

明明已经很努力了，成果却没什么提升，面对这样的现实，总想要做点什么。

想要对围绕在身边阿谀奉承的人际关系做点什么。

各位是否也有这样的感受呢？又或者正置身于这样的境地而感到苦恼呢？

如果我说，从根本上打破当前困境的契机，就只始于一个习惯呢？并且，如果我说，只要养成这一个习惯，就会引发正向的连锁反应，有可能改变自己的人生呢？

这是有可能的，本书就是一本通过实证的方法告诉你这一事实的书，同时还会具体地教你如何养成改变自身的习惯。首先，就从第一个例子看起吧。

找我做心理指导的客户 M 先生，是个 40 岁出头的公司职员，20 岁、30 岁的时候，他不顾一切地以工作为先，事到如今，不仅是工作，他在人生所有方面都感到一种从未有过的停滞感。

他对自己作为公司职员能力的极限、作为经营者的才干抱有疑问，没有充足的时间陪伴家人，对漫无目的的未来感到焦躁不安，许多事情重重地压在 M 先生心头。于是，这些精神压力使得他情绪不稳，抽更多的烟，喝更多的酒，身体状况也不理想。

这时，M 先生从朋友那里听说了心理指导，朋友还把我介绍给了他。在指导进行的过程中，他得到了从未有过的深入审视自己的机会，通过几个发现，M 先生决定采取一个行动。

"每天早上 5 点 30 分起床。"

大家都认为，这对于至今为止经常熬夜到深夜一两点，过了 7 点才起床的 M 先生而言，是一个了不得的行动目标。然而，与此前不同的是，通过心理指导，M 先生**明确知道了藏在内心深处的、真正想要做的事**。

实际上，M 先生由于种种繁忙的事务，总是抽不出时间来陪伴家人，对此他始终牵挂于心。就算偶尔抽出时间和家人共度，他也总是心不在焉，因此不能认真陪孩子尽情玩耍，这是他从心底后悔的事情。

在心理指导的过程中，当他发现自己真正的愿望是"好好地和家人度过充实的时间"的时候，"早上 5 点 30 分起床"的目标就和这个愿望牢牢地联系了起来。

对于 M 先生来说，要实现这个目标，最合适的时间就是早上。早上，和孩子们一边在家附近散步一边聊天，全家一起开心地吃早餐，有时帮孩子看看作业，这些场景在 M 先生的脑海中清晰地展现了出来，这样一来，"每天 5 点 30 分起床"的习惯化目标，就自然而然地应运而生了。

在习惯化的最初，每天有意识地坚持是非常重要的。另一方面，M 先生的心中有一盏明灯，他有足够的力量来执行这个计划。3 天内、3 周内，M 先生固定每天 5 点 30 分起床。过了一个月左右，他已经不必借助闹钟的力量了。3 个月后，这已经作为他生活的模式完全地固定了下来。

对迄今为止的一切都感到停滞不前的 M 先生，**终于做成了一件自己想做的事**。

每天的早起给 M 先生带来了各种好处。其中，不只是有了充足的时间陪伴家人，他自己的时间也充足了起来，迄今为止无甚进展的英语学习进步速度惊人，读书时的理解程度和愉快程度也是此前所不能比拟的。

而且，数月之间，他 TOEIC（托业）考试的分数就上升了200 多分，读书量也是之前的数倍。另外，因为习惯了每天早上做 15 分钟的体操和轻运动，M 先生早上更加神清气爽，他对健康也更有自信了。

从早上 5 点 30 分到 7 点，每天有 1.5 小时充足的时间，1 个月就是 1.5 小时 ×31 天 =46.5 小时，1 年就是 1.5 小时 ×365 天 =547.5 小时这样庞大的时间量。而且，清晨是脑部最活跃的时间，在这一时段进行活动的效果是不可估量的。

早起习惯的影响效果还不止于此。也许是精神压力减小的缘故，虽然没有想要戒烟，他抽烟的根数却不断减少，最终一根也不抽了。以前和朋友喝酒的时候，M 先生都会懒洋洋地去参加二次聚会，可如今为了 5 点 30 分起床，他就会断然拒绝邀请，酒量和每个月的酒钱也因此而锐减。

此外，自从利用早上的 30 分钟来思考工作上的点子之后，M
先生的工作热情也极度高涨。在这一过程中，他也感到自己在根
本的能力上还具有更多的可能性。

同时，当他注意到的时候，他也确切地感觉到自己和上司以
及周围人之间的人际关系得到了改善。短短几个月，一个游刃有
余的、享受着适合自己的工作和人生的 M 先生出现了。不久，他
在公司里升了职，被委任了更有价值的工作，M 先生的认识从以
前的以自我为中心，过渡到了新的阶段：他能够从对周围人的贡
献中获得幸福感。

这样一来，陷入僵局的 M 先生的人生，突然变得丰富多彩了
起来。"人生在世，我开始能做自己想做的事了。"M 先生如是说。

到底为什么会发生这种变化呢?

养成一个习惯，就会为自己、为自己的人生带来巨大的变
化。这样的事是真的会发生的。

为此，我们要做的是，**找到一个作为开关的习惯，并把它习
惯化**。仅此而已。

培养一个"成为开关的习惯"，它的良性影响就会如波纹般
扩散开来。

02 找到能成为"开关"的习惯

养成运动习惯所产生的影响

M 先生的故事并不是个个例，让我们来说说它的理由吧。

在澳大利亚的研究者梅根·奥登（Megan Auden）和肯·陈（Ken Chan）的实验中，被试者们被要求努力执行两个月的运动计划。计划要求每周去 3 次健身房，进行减重训练或有氧运动。这个实验旨在调查运动习惯给被试者带来的影响。

研究者从被试者那里得到了他们生活中相关活动变化的详细报告，涵盖了以"冲动购买的频率""吸烟量""饮酒量""咖啡因摄取量""垃圾食品的摄取量""践行约定的概率""热情帮助别人的概率"等为主的生活活动的方方面面。

研究者发现，在持续运动的被试者身上，显著地表现出了这样的倾向：他们令人喜欢的行动增加，令人讨厌的行动减少了，能看到他们的生活有了明显的改善。并且，随之而来的意志力和自制力的提升也清晰地展现了出来。

在 M 先生身上产生的良性影响和连锁反应在这里也产生了。而另一方面，没有坚持运动的一组却没有发生任何这样的变化。

那么，这是养成了运动这个习惯之后所产生的变化吗？

对此抱有疑问的两位研究者反复进行了实验：让其他习惯也成为开关，是否也能养成新的好习惯、改掉不好的习惯呢？

从结论上来看，以"记录家庭记账簿"和"学习"这两种习惯为首，两位研究者所进行的实验当中，可以说无论以什么样的习惯开始，都同样能让人习得新的好习惯、改掉坏习惯，并且，也能看到意志力和自制力的提升。

通过习得一个好习惯，就能让你接连养成改善生活的其他好习惯。这不仅是梅根·奥登和肯·陈的研究结果，也是我这个拥有数千案例的心理教练的经验之谈。

持续进行小活动

在心理指导的最后，一定要制定一个在下次来咨询之前要进行的"小活动"，比如晚上写个一行的日记、和某某取得一下联络，类似这样的小事。所有的一切都始于一个小活动的开启。因此，每次切实地实践这些小活动，就能看到超过预想的成果。

例如，某个公司经营者仅用了 3 个月就达成了本来计划 6 个月后达成的大目标；某个营业员的营业额原计划提升 20%，结果远远超过既定目标，实现了 200% 以上的增长。这些都是实际发生的事情。再如，某个快 40 岁的女性成功减重 10 公斤以上，时隔大约 8 年后交到男友，数月后步入婚姻的殿堂，这样的事也屡见不鲜。

换言之，开启小活动，并坚持去做，不久就会收获大变化，并且还能很简单地养成好习惯。

这就是说，养成一个习惯，你并不需要拥有特别强的意志力。有时，紧急的状况或者高压的状态（虽然这并不是应当提倡的事）会对习惯化的形成产生帮助。尽管这或许有效，但如果遵从恰当的方法，你并不需要把自己逼入这种状态。

那么，这个所谓的恰当方法是什么呢？

其关键点就是理解潜意识，并完成心理指导进程。

所谓的潜意识，就是并未显现出来，却确实存在于心中的意识。实际上，在这种潜意识中隐藏着大得出奇的力量。而另一方面，心理指导的进程就是"让你察觉到真正想做的事，并以最适合自己、最简单易行的办法去实践它"。

在本书中，我将根据潜意识的特性，并以自我指导的方式应用心理指导的进程，将简单地形成习惯化的方法详细地讲解出来。

已经没有必要去刻意努力了。

良好的习惯化进程会改变脑部构造

还有一个重要的事实是，当你养成一个良好的习惯之后，脑部神经模式自身就会发生改变。由于脑部自身发生了变化，其他的行动模式也会改写，因此良性的连锁反应就会接连不断地发生。

在养成习惯的过程中，脑部的力量（在本书中称作"大脑能力"）自身也会显著提升。也就是说，**习惯化的过程会提升你的大脑能力。**

这对于那些认为人类的潜力是天生的、自己才能是有限的人来说，难道不能称为一种福音吗？关于这种习惯，我随后也会进行介绍。

梅根·奥登和肯·陈在研究中，得出了作为"开关"的初始习惯可以是任何习惯的结论。但实际上，并不是从什么习惯开始都可以的。在本书中，我将告诉大家连锁力和影响效果最强的最初习惯的选择方法。并且，关于那些你们真心想要努力养成的习惯，我将教给大家一个确实能够习得它们的办法。

我在本书中想要传达的信息大致有以下三点。

1. 找到一个能成为"开关"的习惯，并将其习惯化，你的人生就会改变。

2. 如果能理解潜意识的特性，并用于自我指导的话，养成习惯并不需要坚强的意志。

3. 养成良好的习惯，会使你的大脑能力也得到提升。

在第一个要点"找到一个能成为'开关'的习惯，并将其习惯化，你的人生就会改变"之中，我想要传达的是，作为"开关"的习惯，不仅有能改变你每天行动的力量，还有改变你潜意识当中根深蒂固的想法、甚至改变你世界观的力量。

在第二个要点"如果能理解潜意识的特性，并用于自我指导的话，养成习惯并不需要坚强的意志"之中，我将明确指出习惯化机制和潜意识的特性的关系。

并且，在习惯化开始的时候，为了避免很多人犯下奇怪的错误，我会教给大家能够简单地实现习惯化的方法。

此外，我也会通过自我指导这种简易方法，来讲讲如何使习惯固定下来。

在第三个要点"养成良好的习惯，会使你的大脑能力也得到提升"之中，我会用许多实证案例来阐述这一事实。

对于能提升主要表现为智力的大脑能力这件事，也有人会感到难以置信吧？然而，现代脑科学研究中能证明这一事实的案例，在世界上数不胜数。通过习得运动习惯，烹饪习惯，甚至是进行挑战等习惯，脑部自身的能力也会得到提升，本书将介绍给大家这一福音一般的事实。

第 1 章

习惯化的 4 个阶段

01 目标：无意识地行动

无意识—有意识—无意识

在本书的读者中，一定有人有过这样的经历吧：挑战过养成早起、节食、戒烟等种种习惯却毫无成果。并且，我想肯定也有很多人抱有这样的印象：使习惯固定下来是一件很困难的事。

习惯的养成通常被认为是很难的，但通过理解潜意识的特性与运用自我指导的方法，就能很容易地完成它。向读者传达这一方法，就是本书划时代的独创性之一。

所谓的自我指导，就是自己指导自己。我将向大家介绍一个自我指导的方法，即使是完全不了解它、没接受过训练的人也能简单地操作。

要养成一个良好的习惯，有几个重要的点。首先我要介绍的是使一件事习惯化的几个阶段。**习惯化的阶段，和熟练掌握其他一切事物所需要的阶段类似。**就算只是为了先固定下来一个作为"开关"的习惯，了解这些阶段也是非常重要的。

先来讲讲要达到熟练掌握的层次所要经历的几个阶段吧。

虽然有些突然，但请大家试着做做刷牙这个动作。

也许是因为习惯了吧，我想大家应该都可以一边想着其他的事，一边几乎无意识地刷牙。

这正是"去行动"的阶段。

那么，这次请用另一只手来做做刷牙的动作。

怎么样？是不是有些违和感呢？

"能不能好好刷到牙齿内侧呢？""刷毛有没有刷到最里面的牙齿呢？"我想大家都是这样一边考虑着很多一边来刷的吧。这就是从"知道"到"能做到"的中间状态。不好好想着刷牙的动作就做不好，因为这是离熟练还很遥远的状态。

但是，坚持几天，不知不觉间违和感便也消失了，不久，人就会从"能做到"变为"去行动"的状态，就算是无意识地去做也能做得到了。当这种几乎无意识去做也能做到的"去行动"状态达到极致时，你就达到了专业人士的水准。

处于巅峰期的棒球选手铃木一朗曾被问到怎样才是好的击球手，他举出了这样一个条件：要能顺利揣摩出对方投球手的配球①。但同时，他也指出了这样一个问题：揣摩对了的时候能够积攒安打率，猜错了的时候就会陷入难以发挥水平的困境。

据一朗选手说，与其说他是在揣摩配球，不如说是以自然的姿势站在击球区，球飞过来他就下意识地打，能打多远打多远，这能提高他击球的熟练度。的确，处于巅峰期的铃木一朗几乎没有发挥不出水平的时候，这是因为，他在很大程度上是依赖无意识来打球的。

就像这样，很有趣的是，要熟练掌握一个行为需要经历这样一个过程，它从无意识的层面（不知道）开始，逐渐转变到有意识的层面（知道、能做到），而到了熟习的阶段，又会转变到无意识的层面（去行动）。

① 配球：投手针对击球员不同弱点，投出不同的球，如快速球、变速球、曲线球或下坠球等，使击球员无法击中来球，造成出局。——译者注

02 习惯化必经的阶段

不知道—知道—能做到—去行动

那么，将熟练掌握事物的阶段应用到习惯化所需的阶段上，就是上面的过程。其中第一个阶段，就是"不知道"的阶段。

在后面的章节中，我将告诉大家各种各样的习惯以及它们的效果，然而在现在这个时间点，因为大家还没有读到那里，所以关于这些习惯，你处于"不知道"的状态，暂且是"无意识"的。

下一个阶段是"知道"的阶段。

读了第 6 章，你就进入了"知道"这些习惯和效果的阶段。在这个时候，因为你已经知道了它们，你对这件事就是有意识的。虽然有意识，但尚未习惯化，你对它仍然处于不习惯的状态。

这世上的读书和学习，实际上有很多都停留在这个"知道"的阶段。对于习惯化来说，学过也好，读过也罢，若是只停留在"知道"的层面，就有点可惜了。只有过渡到之后的"实践"阶段，才能让这些知识真正地开花结果。

然后，下一个阶段是"能做到"的阶段。

这是为了形成习惯化而开始每天反复去做的阶段，是向着实践迈出一步的阶段。反复做了多次，渐渐地能做得到了；但另一方面，这时仍处于**有意识地去运用**的阶段，并且，这时是需要很强的意志力来坚持下去的阶段，可以说，这是将习惯固定化的最重要的时期。

这个阶段相当不容易，很多人都无法坚持下来。在本书中，我将教给大家在这一阶段不需要消耗太多意志力的方法，也就是简单轻松地使习惯固定下来的方法。

最后，就是"**去行动**"的阶段。

这是经历了几十天、几百天的重复之后，已经能够任运自然地去行动的阶段。进入到了这一阶段，与其说是有意识地去行动，不如说你是在近乎无意识的状态下行动的。也可以说这就是习惯化已经形成了的状态。所谓的习惯化，就是在几乎不用调动意志力的情况下去行动。因此，一旦来到这一阶段，我们就会每天自动地执行习惯性行为。

"去行动"这一阶段和"知道"这一阶段有着云泥之别。为了不只是停留在"知道"的阶段，而是到达"去行动"的阶段，我们应该如何思考、如何实践呢？这也是本书的重点和全部内容。请大家一定要一边做好付诸实践的准备，一边读下去。

积极地看待改变之前的违和感

再者，就像在刚才的例子中说到的那样，在形成习惯化的几个阶段中，特别是在从"知道"到"能做到"的过程中，会产生一种违和感。这是因为你正在尝试去做一件自己并不习惯的事情，违和感就产生了。

这种违和感，也许会让你因为不习惯而不那么舒服。但另一方面，违和感的产生，正是我们努力适应新事物的证明。而且，在我们努力习惯化的过程中，违和感逐渐消失，也是表明我们更加适应了的最佳显示。

可以说，努力形成习惯化并感到了违和感的时刻，正是我们在挑战自我的证据。倒不妨把它看作一件值得欢迎的事情。

一提到违和感，我们常常会把它理解成消极的词。但它是我们**自身改变的前兆**。

03 给习惯做减法

对习惯的"断舍离"①

在本书当中，帮助大家养成良好习惯的同时，我也希望大家能够"戒掉不必要的习惯"。

这也是为了让大家只集中于必要的事情，可以说，这是对习惯的断舍离。斩断不需要的习惯，不但能够消除由它带来的负面影响，还能产生时间、人力、金钱上的余裕。

---

① "断舍离"是日本人提出的现在非常流行的现代家居整理方法。断＝对于那些自己不需要的东西不买、不收；舍＝处理掉堆放在家里的没用的东西；离＝远离物质的诱惑，放弃对物品的执着，让自己处于宽敞舒适、自由自在的空间。——译者注

以 M 先生的例子而言，抽烟等习惯就是这样的。大家应该能切实地感觉到，当你找到了能成为开关的习惯（对 M 先生来说就是早起）并付诸实践的时候，"真正不必要的习惯"就会逐渐消失。我们可以事先把这样的习惯罗列出来，通过观察它的变化，就能确认是否产生了理想的连锁反应。

作为断舍离的例子，我们来看看家中的情况吧。

完全没有使用过的大型健康器具，在家中霸占了很大空间。这不仅会让我们产生压迫感和逼仄感，还有一种"总是买了却不用"的自我否定感，在感情上和这些健康器具结为一体。于是，每当它映入眼帘的时候，我们就会产生一种难以形容的挫败感。

尽管如此，我们还是会觉得"好不容易买回来的，扔掉太可惜了吧"，这样一来，这个健康器具就会永远占据着我们家中的重要场所。

这时，我们下定决心断舍离一下，会怎么样呢？

联结着负面情绪的物品消失了，家里腾出了空间。**不必要的东西消失了，才有余裕引入重要的东西。**在原先放健康器具的地方，我们可以选择什么也不放，也可以布置一些绝妙的室内装饰，令房间的氛围焕然一新。

通过这样的断舍离，新的局面打开了。习惯也是一样，舍弃不必要的习惯，心灵才能腾出空间，开始一个新习惯的余量才会产生。

有一个词叫作"战略"，"战略"有着许许多多的定义，简单来说，就是"决定做什么和不做什么"。这是要你知道对自己来说什么重要，什么不重要。换言之，**就是要定下自己的主轴**。

如上所述，断舍离正是一种战略。养成良好习惯的同时，放弃不必要的习惯，可以说，这是一种依照自己的主轴进行的极具战略性的生活方式。为了形成这种生活方式，习惯化过程也在充分发挥着作用。

Check lists

· 在习惯化过程中，有无意识—有意识—无意识这几个阶段。

· 在"能做到"这一阶段，如果采取不太需要意志力的方法，习惯就能很容易地固定下来。

· "知道"和"去行动"有着云泥之别。

· 一旦形成了习惯化，就能几乎无意识地去进行每天的活动。

· 要欢迎违和感。违和感是挑战自我的证据。

· 违和感的消失，可以看作习惯化的巨大进步。

· 通过断舍离来定下自己的主轴。

第 2 章

与潜意识做朋友

01 人被潜意识支配

"道理都明白，但是戒不了"

上网冲浪停不下来的习惯、每逢约会迟到 5 分钟的习惯等，不正是以上这种感觉吗？

这才是我们无论如何都想要断舍离的习惯。大家在脑海中应该也明白这一点，但就是戒不掉。都知道为了减肥，最好忍住不吃最喜欢的巧克力，但就是戒不掉。

这是为什么呢？

这是因为"人类每天的绝大部分行动，都是被潜意识所支配着的"。

被潜意识程序化的东西，会在你不知道的时候对你产生影响，让你不知不觉间进行行动。潜意识当中有着出人意料的巨大力量。因此，不管你多么努力，你的意志力都无法抵抗这种自动化的强大力量，结果只能遭受徒劳的惨败，再次向巧克力和互联网伸出手去。

我们总以为人是依照自己的思考和意识来行动的，并且坚信自己所做的事是由自己选择、自己决断的。但是，我们行动中的绝大部分都是被潜意识里的程序自动地驱使着的。

那么，这种存在于潜意识中的程序，究竟是什么东西呢？

一听到程序，有很多人都会联想到电脑里的程序吧。从结论而言，两者基本是相同的。

在电脑的程序当中，某种输入就会产生固定的某种输出。潜意识的程序也是如此，接收（输入）到某种感官信息（视觉信息、听觉信息、身体感觉信息等）时，总是会做出固定的反应（输出）。而且，由于每个人的程序不同，即使接收到相同的感官信息，反应也各不相同。

若是潜意识里有"怯场"这一程序，在发表提案的场合，你就会牙齿打战、嘴唇发抖。相对地，在完全相同的场合下，没有这一程序的人，就能心平气和、流畅自如地发表自己的提案。

总是懒洋洋地上网冲浪的人，就是因为潜意识里有这样的程序。

潜意识拥有巨大的影响力，所以一旦你进入到回家后的安逸环境（输入），程序就会自动工作，让你变成懒洋洋的上网状态（输出）。

反过来说，如果把"这个时间读读书提高工作能力"的程序确实地输入到潜意识当中，我们就不必再动用强大的意志力，也能够自动地经常坐在书桌前了。

这正是习惯化的力量。

就像这样，我们甚至可以说，**附着在潜意识里的程序决定了你的人生**。通过理解潜意识的特性，掌控其中的程序，我们就能让潜意识变成自己的朋友。

02 潜意识究竟是什么

那么，究竟"潜意识"为何物呢？

如果用冰山来表示全体意识的话，浮现在水面上的部分，就是我们能意识到的部分，我们把它称为"显意识（conscious mind）"，因为是能够意识到的，所以可以说它在我们脑海中是能够明确解释的、理性的部分。一般认为显意识的功能区主要位于左脑。

而水面下的部分，也就是我们意识不到的部分就是"潜意识（subconscious mind）"，所谓潜意识，正是潜藏在心底深处的本能的意识。这是一个虽然不被我们自知，却会给我们的思想和行动带来巨大影响的部分。

这种潜意识，是在弗洛伊德提倡的精神分析学、荣格提倡的分析心理学等被广泛使用之后，才为世人所知。而更让它广为人知的，则是因墨菲法则而闻名的约瑟夫·墨菲博士的功绩。他的代表作《一边睡觉一边成功》可以说是有效利用潜意识的权威著作。

并且，潜意识中存在着凌驾于显意识即意志力的力量，所以才会有"知道但却戒不了"的情况发生。有一种说法是，**这种力量是显意识的两万多倍**。

读到这里，也许有人会想："如果源于显意识的意志力敌不过潜意识的话，那么我们每天的行动岂不是都在被潜意识自动地驱使着吗？"正是如此！不过，这只是到目前为止。

在本书当中，我将告诉大家如何运用意识的力量有效设计潜意识，并对它加以利用。它能让你的人生发生改变：从被潜意识自动驱使，变成用意识慢慢控制潜意识、利用潜意识，**让潜意识变成朋友**。

不再被潜意识中的程序驱使，而是根据自己的意图制作、改写程序蓝图，并且利用潜意识巨大的力量来开创人生，你也可以。

Column1 橄榄球选手五郎丸的习惯动作

我们来聊聊 2015 年在橄榄球世界杯上相当活跃的日本代表选手五郎丸。五郎丸选手在开球前所做的独特姿势——伸出两手食指，在全日本成为话题。这是一种叫作"例行动作"的有意识地形成的习惯。

五郎丸在开球前的这个习惯动作，是为了提高开球的精准度而做的。这是以五郎丸在开球前的动作习惯为基础，由他和辅导他的心理教练一起创作而成的。

这个例行动作，并不仅仅是一个例行的姿势，而是决定着放下球后要退多少步、什么时间点看向球门等极其细微的次序。而且，这是基于五郎丸特有的习惯而设计的姿势，所以如果仅仅是模仿这个手指上举的姿势本身，对其他人是没有任何效果的。

据说习惯动作有沉着内心、提高注意力的作用，但其实其本质并非如此。通过习惯动作这种固定的行为，潜意识会让你每次都能再现开球时最棒的身体状态。换言之，这种行为就是在潜意识当中编辑了一个能再现五郎丸选手最棒开球状态的程序，并对它加以利用。通过这种习惯动作，五郎丸选手开球的精准度出奇的高。日本橄榄球队的优秀表现，实际上就是实践了让潜意识变成朋友的结果。

03 改写潜意识

想要有意识地改写潜意识中的程序，大致可分为两种方法。

运用心理学的手法，在短时间内改写潜意识的程序

潜意识中的程序，是心灵曾经感受到强烈的创伤体验时瞬间在潜意识中形成的。因为被狗咬过而产生的恐狗症和一见钟情等，都属于这种强烈的体验。

以恐狗症为例，因为有被狗咬的恐怖经历，"狗 = 可怕的东西"这种程序一瞬间就在潜意识中形成了。

因此，患恐狗症的人一旦接触到（输入）关于狗的感官信

息，即狗进入视野、听到狗的叫声、闻到狗的味道、触摸到狗等，这种恐狗症的程序就开始发挥作用，他就会产生恐惧、颤抖等固定的反应（输出）。

感官信息的输入—程序启动—反应的输出

就是这样的流程。

即使输入的内容是相同的，没有这一程序的人，也不会产生这些恐惧反应（输出）。例如，若是换成爱狗的人的话，就会产生截然不同的反应（输出）——心中暖暖的，不知不觉就微笑了起来。虽然人们也能一定程度上理解别人的反应，但是喜怒哀乐等人类情感的表现形态，也是因每个人潜意识中的程序而各不相同的。

因为潜意识中的程序往往是一瞬间形成的，所以在一瞬间改写它也是可能的。

也许大家会觉得难以置信，但这是可能的。

作为心理教练，进行这种改写也是工作之一。虽然方法各种各样，但在我这里，会应用 NLP（Neuro-Linguistic Programming，神经语言程序学）的方法来治疗恐惧症，或者改写掉那些客户想抛弃的根深蒂固的观念。（在欧美，NLP 作为"大脑的操作说明书"而被广泛应用。）

　　我有这样一位客户，他因为在孩提时期被父母说了一句过激的话，而长年抱有一种根深蒂固的想法（程序）："人类是不可信的，哪怕是父母。"因为这种执念，这位客户交不到亲密的朋友，与职场上的人们也无法构建起相互信赖的关系。

　　当我运用 NLP 对他进行了 90 分钟左右的心理指导课程之后，没想到的是，他原先的执念变成了一种强烈的积极想法："人与人在深层次上是彼此相连的。"他潜意识中的程序得到了改写。

　　因为这次指导，这位客户与父母之间的关系、与周围人之间的关系戏剧性地好转，人生进程发生了巨大变化。这是因为，如果将执念这种潜意识中的程序改写成积极的内容，那么即使输入的东西相同，反应也会完全改变。

　　总而言之，NLP 是一种手术式的西洋医学的手法，是一种需要借助以心理教练为主的心理治疗师的力量来进行治疗的手法。在客户的人生大局中，如果出现了需要实施这个手术的情况，我就会通过与客户协商，决定以心理教练的身份对其采用这个方法治疗。

用较长时间来改写潜意识的程序

在潜意识的程序里，也有通过日复一日严肃的重复、花费了很长时间而根植于潜意识之中的东西。

如果说我刚才介绍的是西洋医学的手法的话，那么相较而言，我现在要说的就是东洋医学的手法。这种手法要慢慢花上一段时间，把潜意识中的程序改写到最恰当的方向。

就像用中药改善体质一样，这种方法缓慢而可靠，它能让你更好地发挥自己的能力，去打好人生的基础。这种靠自己来打好基础的日复一日的行动，是非常宝贵的，它也与你的成长紧密相连。这正是习惯化的手法。所谓习惯化，也可以说是在改善潜意识的体质。

对潜意识来说，最重要的是什么？

潜意识还有一大特征。

那就是"一切行动以安心、安全为第一"。

对潜意识来说，最重要的事就是"安心安全"。恐狗症的安心安全就是这样一种状态：因为有被某只狗吓到过的经历，潜意识就创造出了对所有狗的牢固的防御程序。

潜意识对这种安心安全的需求是非常巨大的，所以这种防御程序会遍布四周，哪怕面对的是没有咬过自己的狗。因此，虽然咬过我们的是大型猛犬，但当我们面对的是小型的温顺的狗时，这种程序也照样会启动。换言之，这就变成了一种过剩防卫（实际上，过敏也是与此相同的机制）。

就像这样，潜意识把它巨大的力量都用来发挥制止作用，而其根本动机，则全都来源于对安心安全的需求。**为了安心安全，潜意识基本上会为了维持现状而工作**。对于总想维持现状的潜意识来说，现状的改变，多少孕育着一些危险，所以潜意识会对它加以抵抗。并且，一旦判断出这种行为威胁到了安心安全的需求，它就会开始启动巨大的刹车力量，不让这种变化发生（人总是很难发生改变的根本原因，实际上就在这里）。

因此，一旦你想要骤然改变各种事情，就会遭到潜意识的强烈抵抗。举例说，当你想要采纳并实施他人的建议时，即使大脑知道是正确的，却总是无法实行，这就是遭到了潜意识的抵抗。

如上所说，潜意识是相当保守的。因此，非常重要的一点是，当我们想要改变潜意识的程序时，要在满足其核心需求安心安全的基础上，一边让它安心一边进行改变。若是忽略了这一点，即使我们用意识的力量努力去做，也敌不过潜意识维持现状的力量。所以，在潜意识的需求这个层面上，用习惯化这种缓缓变之的手法对潜意识进行有效利用，也是非常有道理的。

　　要让习惯化取得成功，推进习惯的同时要充分满足潜意识对于安全安心的需求，是非常重要的。

04 利用潜意识来"自动操作"

在习惯化的初期阶段，我们会产生违和感，也需要为了每天坚持而刻意努力。但是，随着习惯化的推进，这种违和感会逐渐消失，我们即使不那么刻意努力也能坚持下来了。并且在不久之后，你就会处于即使不用意识也能坚持去做的状态。发展到这一步，你甚至会反过来因为不做这件事而产生违和感。

例如，拿每天早上慢跑的习惯来说，一开始，每天要跑到规定的距离，是要运用必要的意志力的。我们还会想想下雨天要不要取消呢。也许有时我们还会对跑步时身体的感觉、周围的风景感到违和。在这个阶段，如果我们制定了过高的每日目标，就需要相当强的意识和意志力，还会遭到潜意识的抵抗导致无法持久。

然而，一旦我们勉强坚持了下来，不久你就会发现自己把跑步视为理所当然。发展到这一步，你就已经顺利改写了潜意识中的程序，进入到了自动操作模式。在不跑步的日子里，你反而会在心情和身体上产生违和感。**因为进入自动操作模式后，已经不太需要使用意识和意志力了。**

"今天要跑步吗？还是要取消呢？不，我要加油干！"像这种自我内部的对抗也没有必要了。我们已经进入了这样一种状态：在坚持每天跑步这件事上，**潜意识给予了我们维持现状的力量。**

举例来说，就是潜意识已经编好了这样的程序。

早上起床穿上慢跑鞋（输入）—潜意识里的程序启动—依赖自动操作模式、轻快地迈开脚步（输出）

如果像这样形成了自动操作模式的话，进行习惯性的行动就不需要费力了。所谓的习惯化，就是要减少使用意志力，从而实现自动化。

因为有潜意识，你每天重要的行动（良好的习惯）都会被自动化，所以在无意识当中，你的人生就会不断向良好的方向发展。更进一步说，因为在这里几乎不用使用意志力和劳力，所以你就**能有余裕去做其他事情。**这也是习惯化的一大好处。

Column2 内马尔碾压对手的秘密

我们来讲讲这个有趣的故事，它与我们所说的自动操作模式非常相像。

巴西足球队有一个叫作内马尔的前锋。通过情报通信研究机构的研究，我们了解到：内马尔进行运球等脚部工作时，大脑的活动区域不到业余选手做同样动作时的一成。

他们让内马尔横躺在MRI（磁共振成像）中，对其发出做踢球时脚部动作的指令，观察他的大脑的活动区域。

结果显示，做相同动作时，内马尔的大脑活动区域只有业余足球选手的7%，是西乙专业运动员的11%到44%。也就是说，做出相同的动作，内马尔选手所要动用的大脑，不到业余选手的1/10，不到西乙专业运动员的一半。

我想，与其说内马尔是在有意识地去做，倒不如说他基本上是在凭着感觉（无意识地）运球。这也可以证明内马尔对足球的熟练度已经达到了世界巅峰水平。这就是本章开头所说的"无意识地去做"发展到极致的一个例子。

这里的关键在于"基本不用脑"这一点。因为运球时，意识基本不用发挥作用，所以大脑就有余裕同时去处理更多的其他信息。对方的后卫们都在哪里？守门员正在做什么动作？一起进攻的队友在什么位置，正要如何移动？草坪给人的感觉、风的流向、球场整体的氛围以及自己的身体状态等，内马尔一边做动作一边同时处理判断各种信息的大脑能力，比起其他选手来说是压倒性的。

面对一对一攻防的时候也是如此，对于对方后卫的能力、曾经对战中做过的动作等信息，内马尔的大脑拥有瞬间处理它们的余裕空间，所以他才能不断做出艺术性的突破以及给队友绝妙的传球。

我认为，许多良好习惯的养成也是与此相似的感觉。被习惯化了的重要行动，已经不太需要使用意识和意志，它会被自动操作模式执行。由此，大脑就产生了处理其他信息的余裕。

有效利用潜意识，依赖自动操作模式，我们就能每天很随意地达成开发能力、维持健康、保持心理稳定等目标。其中的益处会成为你不可估量的巨大财富。

Check lists

· 人类每天的绝大多数行动，都是被潜意识所支配着的。

· 潜意识的力量是显意识的 20000 多倍。

· 所谓习惯化，也可以说是改善潜意识的体质。

· 为了让习惯化取得成功，一边充分满足潜意识对安全安心的需求一边推进是非常重要的。

· 所谓的习惯化，也就是要减少使用意志力，依赖潜意识，实现自动化。

· 一旦达成习惯化，习惯的行动就能自动化进行，所以就能产生去做其他事情的余裕。

／ 第 3 章 ／

告别半途而废

01 聪明地开始习惯化

不能太努力、太硬干

一般来讲，我们面临的现状是，想要养成一个习惯的时候，它的成功率是不太高的（正因为如此，我才要写这本书）。

嘴上说着"这次一定要戒烟"，过不了多久就在茶余饭后吞云吐雾，还一边说着"我说过那种话吗？"——不停重复这种言行举动的人何其多。

而嘴上说着要减肥，成功后不反弹的人又何其少。

即使是在工作上很能干的人，想要养成一个小习惯也往往无法成功。

实际上，原因在于在习惯化的时候，你过分地使用意志力去努力、忍耐、勉强自己。

在这里需要我们注意的一个事实是：**意志力是消耗品。**

也就是说，想靠意志力去勉强坚持是有极限的。而且，意志力被消耗了的话，效率就会下降。

佛罗里达州立大学社会心理学部的教授罗伊·鲍迈斯特通过一项实验证明了这一点。

教授把学生分为两组，在每一组面前都放上刚烤好的、加入了巧克力片的曲奇。他允许其中一组吃这个曲奇，对另一组则要求他们强行克制住自己。

同时，教授要求两组完成一个很难的拼图。被要求忍着不吃曲奇的那一组需要动用意志力去忍耐，所以在开始拼图的时候，他们的意志力已经消耗了不少，据说有很多学生就此放弃了拼图挑战。相对地，吃了曲奇的这一组平均用了更长的时间和拼图较量。

如上所述，因为意志力是能被消耗掉的，所以在进行习惯化的初期阶段，尽量不要过多地使用意志力是很重要的。

而且，更重要的是，我们要"首先集中于一件事"，也就是说，不要想着一次性把很多事同时习惯化。

如果想要同时把多件事情习惯化，与之相应地，意志力的消耗也会更加巨大。如果你是公司职员的话，那么你在工作上已经使用了不少意志力，所以当天是不会有余力去养成多个习惯的。就像我所说的那样，先把一个作为开关的习惯彻底习惯化，才是通往成功捷径之门。

锁定想要习惯化的项目，如果你有很多个想将其习惯化的项目，就要决定一个优先顺序。并且要定下一个最先要养成的习惯，着手解决它。当第一个习惯坚持了 3 周到 3 个月左右的时候，我们就要确认它被固定下来了多少。

如果你觉得它在你的日常生活中已经大致可以自动执行了的话，那么就可以视为它已经被习惯化了。

此时，坚持这个习惯已经是几乎不需要使用意志力的状态了，所以意志力也基本上不会有消耗。进入到这一状态，就可以开始养成下一个习惯。当第二个习惯也被自动化了的时候，我建议大家可以稍微休息一会儿，再着手向第三项习惯进发。

当你开始养成第二个习惯的时候，序章中所说的波及效果就会产生，不讨人喜欢的习惯就会逐渐消失了。而且你应该能切实地感觉到，达成第二项习惯化远比第一项时要容易得多。

习惯化一个一个地脚踏实地地达成，能让你积累起小小的成功体验，仅在这个意义上，它也是非常重要的。**在养成一个个习惯的同时，这些小小的成功体验也会提升你的自我效能感和自我肯定感，这也是一个非常优秀的战略。**

02 没长性的症结

别制造痛苦的情绪

要达成习惯化，**别努力过头才好。**

在世上，一不小心就努力过头的人可有不少。这样的人非常认同"不管要实现什么事都必须努力"的观点。

不自觉地就会这样去想，实际上也得怪潜意识中叫作价值观的程序。

然而，对于习惯化，稍微松口气，轻松地去面对它才是刚刚好的。绝大多数没有长性的人，都是在头 3 天里勉强自己努力过头，再坚持下去的时候就会因为痛苦而放弃。

"别努力过头比较好"是有理由的。能以愉快的心情去努力的时候还好说，可不管怎么说，习惯化都是需要日复一日严肃地践行的活动，整个过程可不全是愉快的日子。如果一件每天都要做的事情，总是要运用努力模式的话，很快，做这件事就会与痛苦的情绪联系在一起。这样一来，你每天都需要动用相当大的意志力，努力做到它。我在前面也写到了，意志力是会被消耗掉的。不断去努力、在痛苦中过分消耗意志力，人就无法坚持下去了。

并且，这种痛苦的情绪会不小心刺激到潜意识对安心安全的需求，潜意识所拥有的强大力量，就会阻抗你改变自己。

在习惯化的过程中，不要制造这种痛苦的情绪，才是顺利掌控潜意识的秘诀。

努力的话会如何？

举个例子，有个平时不怎么运动的人，为了健康和减肥，决定养成每天早上跑 10 公里的习惯。

第一天：

因为是头一天，所以他特别有干劲。虽然对于平时不太运动的身体来说相当吃力，他也想方设法地把这 10 公里跑完了。意志力全面开动。

第二天：

从早上他就全身肌肉痛，在与疼痛的斗争当中开始了跑步。虽然数次停下脚步、补充水分，但他还是努力坚持着。"既然开始了就要干下去。"他一边好几次这样说给自己听一边跑着。最终，他总算是完成了计划，身心俱疲。

第三天：

在沉重的心情中，早晨到来了。昨天感觉到的肌肉痛也有增无减，连穿上跑步鞋都让人产生了心理上的抵抗。"为什么要开始做这样的事情啊？"他一边这样叹息着，一边迈着沉重的脚步走出家门。

就连跑步时所见的风景，也让他觉得和这种痛苦感联结在了一起。他一边遭受着潜意识的强烈抵抗，一边靠着意志力勉力支持。也许是因为身体和心情的双重疲惫，10 公里仿佛是遥不可及的距离。

但是，"不管要干成什么事都必须努力！"他这样和自己说

055 /

着，努力继续跑着。整个人一直处于只听见自己的呼吸声、埋头拼命奔跑的状态。意志力所剩无几。

结果，他筋疲力竭地回了家，甚至都不相信自己还有接着去工作的力气。

然后，第四天：

尽管闹钟响了又响，他还是继续在被窝中待着。将跑步习惯化的努力，仅用了 3 天就徒劳地夭折了。

实际上，这就是十多年前我自己的失败经历。

这就是"不努力坚持就无法达成"的价值观设定。对于平时都没有好好运动过的人来说，让他每天跑 10 公里是不太现实的。这是一个每天必须付出相当大的努力才能坚持下去的目标。

即使现在再去回想，这也是一个欠考虑的计划。它的背景是当时的我所抱有的一个执念。就是"不管要干成什么事都必须努力"的执念。因为有这种执念作背景，所以我同时还抱有另一种根深蒂固的想法："如果不设定一个需要付出相当大的努力才能达到的目标的话，就没有效果，没有意义。"所以，我才设定了一个不是每天 1 公里，而是 10 公里的计划。

在工作计划、人生目标方面，我赞同你设立一个不努力就无法达成的目标。

　　但另一方面，在培养习惯这件事上如果你也这样干的话，就很容易遭到潜意识的抵抗而无法长久。而且，如果接二连三地失败，那种"我能做到"的自我认同感也会不断跌落。

03 习惯化初期的关键

不是取得成果，而是先固定下来

想要把一个习惯固定下来，首先要坚持 3 周的时间。

然后，如果它能持续 3 个月，就基本上变成了习惯。

在习惯化的最初时期，最重要的事情不是"取得成果"，而是"把它固定下来"。

这真的是很重要的事情。把初期的目的锁定在使它固定下来，对取得成果完全不抱期待，这才是正确的态度。

以减肥为例，头 3 周要集中在培养有利于减肥的运动习惯与饮食习惯上，这个阶段不要因为体重的增减而忽喜忽悲。

所以，在初期要控制住不进行过分节食和过量运动，是非常重要的。不能给自己制造痛苦的情绪。

以刚才的跑步为例来说，不要制定每天跑 10 公里的计划，每天跑 1 公里，甚至 300 米都可以。最为合适的距离，是跑完感觉到稍微有点不够充分，觉得"还想再跑跑"。

这样持续 3 周之后，每天早上跑步就变成了"理所当然"的事。以"还想再跑跑"的心情去坚持，跑步就会与**"愉快的情绪"**联结起来，就会产生与先前每天跑 10 公里的案例正相反的情绪。与此同时，再根据自己的进展 2 公里、3 公里地增加距离就可以了。这才是**一边巧妙地掌控潜意识，一边改写程序的最好方法。**

去健身房锻炼也是如此，虽然一开始就能挑战困难模式的人也不错，但其实你并不需要勉强自己这样做，倒不如说，请你千万别这样做。极端点说，如果你非常喜欢泡澡的话，最初的一段时间里，即使你任何运动器械都不用，单纯只为了泡个澡而去健身房也是完全可以的。虽然看不出巨大的减重效果，但是泡澡的快感就会与健身房给人的印象联系起来。而且，如此几次之后，你就会发现，这个健身房的设施、员工热情友善的气氛、更衣室给人的感觉、放置器械的空间以及泡澡的场所等，都会与这种愉快的情绪牢牢地联系在一起。

这就是潜意识已经处在安心的状态了。

因为只去做喜欢的事情，所以自然而然地潜意识就转换成了这样。在这期间，绝对不能去追求体重减少之类的成果。而且，实际上，"定期前往"这一行动的重复叠加，可以让你无须下意识地思考或抉择，就养成上健身房的习惯。

培养出愉快的情绪和养成定期前往的习惯，初期的目的就达成了。接下来再一点点增加适合自己的运动量，习惯化就大致完成了。

不久，当你发现的时候，你那紧实的肉体已经映现在健身房的镜子当中了。

04 成功的临界点

很多人都知道成长曲线吧。它所展现出的是，不管是工作还是学习，它所花费的时间和实际表现出来的成果之间都是存在着某种关联性的。

下页图所展示的就是成长曲线。从这里开始，我将以这个成长曲线为例给大家讲解习惯化。

举例来说，当你开始一项新的工作时，最初，因为知识和经验都很少，所以工作也不得要领，多半都是摸索着开始的。当然，也拿不出什么成果。但是即使这样你还继续坚持的话，慢慢地你就能取得一些成果，但是离满意的程度还差得很远，这样的情况会持续一段时间。在初期，你所费的时间和劳力与得到的成果很难成正比，很多人都在这个阶段放弃了。

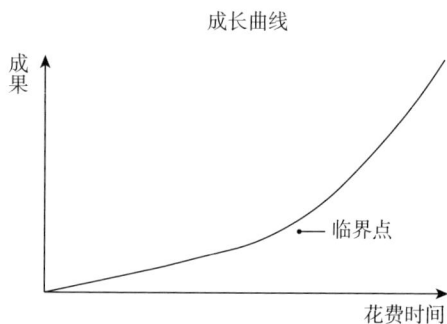

成长曲线

成
果

临界点

花费时间

超越临界点

在这当中，会有百分之几的人坚持下来，一段时间之后，你会发现你的周围出现了几个能显现出较大成果的人。并且，你会为自己的成果与他们的成果之间的差距感到焦虑。这样的情况持续下去，又会有百分之几的人掉队。即便如此还能继续坚持做下去的人，就会积累相当多的知识和经验。

很快，一个重要的节点到来了。它就是图上标示出来的叫作"临界点"的东西。一旦超越了这个点，你就能开始迅速产出巨大的成果。你会指数级地成长，与所花费的时间相比，你将取得突飞猛进的成果。艺人和运动员所谓的"人气暴涨"也就是这个临界点。这之后，就像是走上了上升到二次曲线似的，你将唰唰地急速进步。这就是所谓的成长曲线。

可以说，这世界上的成功者，就是在超越临界点之前一直坚持努力的人。

习惯化的进程也与此类似。最初，你连是否会有成果都不知道。即使如此，通过你的坚持，习惯就会固定化。不久就会有明显的成果。而且，因为这时你已经能每天自动化地进行习惯行为了，所以很快就能获得更大的成果。

同样地，习惯化的进程中，在成果显现之前，降低半途而废的概率是非常重要的。短时间内很努力，却不能日复一日地严格去做，这是很多人踏入的老路。

所以，不要过分努力、不要勉强自己，每天认真地去做该做的事，这才是最重要的。

再强调一次，好消息是我们没有必要去努力。而与之相应的，则是你不要去东想西想，只坚持去做你该做的事，这种心态与习惯化的成功紧密相连。你的对手不是别人，正是昨天的你自己。每天进步一点点、超过昨天的自己一点点，这种姿态是非常重要的。

一般来说，对习惯化的尝试有时并不那么容易成功，关于它的事实就像前面所讲的那样，既然大家已经了然于心，就请放下心来。我们要一边去让潜意识安心，一边控制意志力的消耗，不过分努力但严谨认真地坚持下去。

Check lists

· 首先集中于把一件事情习惯化。

· 在习惯化的过程中，不要制造痛苦的情绪才是使潜意识安心，并顺利掌控它的秘诀。

· 在习惯化的最初，最重要的是，不要性急地追求成果，而是要使习惯固定下来。

· 不要努力过头，别勉强自己。

· 把想要习惯化的行动与愉快的情绪联系在一起。

· 在超越临界点之前坚持努力，就能让习惯化的成果迅速展现出来。

/ 第4章 /

习惯胜于才能

01 成功和习惯的关系

说到底，成功就是好好养成良好的习惯

要想在事业和人生上取得成功，需要特别的气质和能力，我想这样认为的人有很多吧。

著名的经营学家彼得·德鲁克这样说过。

"要取得成果，性格、强项、弱点、价值观、信条都无所谓，只要能形成该形成的东西就可以了。要取得成果，就靠习惯。而这是与其他习惯一样能养成的东西，也是必须养成的东西。"（摘自《经营者的条件》）

按德鲁克所说，要想取得成果，不是靠拥有天赋的才能，**而是靠好好养成一个一个良好的习惯**。他的这一结论以其庞大的研究样本和独具的慧眼为依托，令我们心悦诚服、铭记于心。

那么，好的习惯究竟是什么样的习惯呢？

例如，序章中 M 先生案例里的早起。"早起是成功的秘诀"，这是许多成功者在有了切实体验的基础上说出来的话。

人的大脑在起床后 2.5 小时到 4 个小时之间是最有活力的。苹果的 CEO 蒂姆·库克、星巴克的 CEO 霍华德·舒尔茨，以及迪士尼的 CEO 罗伯特·艾格等人都是早上 4 点半起床的。

据说他们在起床后，会利用这段有意义的时间去做点工作或者干些自己感兴趣的事，然后在大部分人都没开始上班的 7 点左右，就已经来到公司工作了。

再比如，把成功图像化的习惯。据爱因斯坦所说，他有很多发现都是从一个印象开始的。当他致力于一项研究的时候，也会先把细微的成功的印象扩散到感官的层面，据说他就是沿着这些印象最终将其实现了的。

成功人士都有其成功的理由。我们知道，在其中，拥有良好的习惯、每天严肃认真地坚持它、打造良好的生活节奏都是具有重大意义的，即使是在成功的原因中它也是相当重要的部分。

小习惯的不同会产生大差别

习惯拥有让你重复去做的力量。

就算是原本盛着污水的水桶，只要你慢慢一滴滴往里注入清水，很快，水桶里就会盛满清澈的水。同样，人也会像慢慢得到渗透一般，通过养成好的习惯，本质的变化就会产生。重要的是，你想注入的水是什么样的水，你不想注入的又是什么样的水。

那么在这里，请你试着回想一下自己的习惯。

清晨到公司 or 最后　秒才到公司

吃八分饱 or 暴饮暴食

走台阶 or 坐电梯

感谢的话语 or 牢骚/抱怨

笑脸 or 板着脸

你正在做的是哪种另当别论，哪种行为是好的大家都一目了然吧。虽然头脑里知道哪种是好的，但是有时我们也会在不知不觉间就把原本不想注入的水注入到自己每天的生活当中。这也是习惯的作用。

因为这种行为不断被重复，它的损害也会被实打实地积累起来，归总起来，你就会受到相当强烈的影响。

那么相反，如果我们能把积极的东西认真地积累起来的话，你的人生将会受到多么正面的影响啊。

小习惯的不同会产生大差别，这一点，真的不容轻视。

02 顶级运动员的习惯

不出意外就是赢家 [1]

在日本职业棒球史上，被称作最棒也不过分的选手，就是铃木一朗。正如大家所知道的那样，一朗并没有特别优秀的体格。在壮汉如云的 MLB 里，不妨说他属于最矮小的那一类。在加入职业棒球队的时候，他也绝不是什么"10 年才出一个的奇才"，也就是说，他不是被"大肆宣传"着开启职业生涯的。在 1991 年的

---

[1] 日本有一句格言说"无事是名马"，意思是说"赛马有优有劣，平安无事跑完全程的马就是名马"，也就是"不出意外就是赢家"。——译者注

选拔当中，他仅仅被欧力士队指名为第四位。

这样的一朗究竟是如何变成现在这样的选手的呢？

在各种要素中，我所关注的，是他的习惯力。他说过的一句话能够作为其优秀习惯力的证明：

"想要抓住梦想不能一蹴而就。通过小的积累，不知哪天你就能发挥出难以置信的力量。"

从小学开始，一朗选手就每天每天地前往击球训练场，不断坚持着小小的积累。

他还这样说过：

"高中时期，我每天只做 10 分钟的击球动作。一年 365 天，通过 3 年的坚持，每天这短短的 10 分钟就变成了庞大的时间，我凭着比谁都持久的不断坚持，拥有了坚定的信念。"

而他教给我们的最朴素、最有分量的教导却是这句：

"要想做成特别的事情，就不能去做特别的事。要想做成特别的事，就要去做平时该做的事。"

把该做的事当作日常，好好地习惯化，不间断地去执行。我们能看到，在他的发言和行动中，有好几个关于习惯化的内容。

例如，他站到击球区之前，必定会做同样的伸展运动，或者做出随心所欲地挥舞球棒的独特动作。我在电视转播和新闻上观察了很多次一朗选手的打席，从没有发现他不做这些习惯动作的时候。

另外，说到"不出意外就是赢家"这句话，我想，像一朗选手这样不受伤的选手是非常少见的。实际上，他没有因伤而长期离开赛场的记录。正是这个原因，他才能留下这么多斐然的成绩。即使已经过了职业选手的巅峰期，即使已经过了40岁，他仍然能够以美国棒球职业大联盟成员的身份活跃在赛场上，不也正是这个原因吗？

有个很有名的逸事，据说，一朗选手每天必须睡8个小时。我想他的这个习惯也为保持不受伤的身体状态做出了贡献。

另外，一朗选手的身体相当柔韧。他把胳膊向身体后面伸的时候，胳膊能活动到令人难以置信的位置。据他本人所说，原本他的身体并不是柔韧性好的体质。当初加入欧力士队时，他的肢体作为运动员来说甚至是非常僵硬的。据说，他靠着平时不断进行伸展运动的习惯，达到了异乎常人的柔韧性。

而且，据说一朗选手会极力避免走台阶。在台阶和斜坡都有的地方，他肯定会走斜坡。因为走台阶有可能会踩空，这就有脚踝挫伤、手臂骨折的危险。把这样细微的小事都作为习惯来彻底贯彻，说明他也抱有"不出意外就是赢家"的观念吧。

　　我猜测，在职业棒球界，比一朗击球感更好的选手、资质更高的选手也有很多。在这么多优秀的选手中，一朗选手仍能够在日美比赛中留下如此突出的战绩，这都是有赖于他为彻底习惯化所付出的努力。正是这种努力造就了从不出意外、长盛不衰、持续获得优秀成绩的一朗选手。

03 习惯化的 3 个效果

那么，习惯化的效果，大致可分为 3 种。

①取得成绩

举例来说，养成走楼梯而不坐厢式电梯或电子扶梯的习惯，能让你体力上升、体脂率减少；通过养成整理数据的良好习惯，你的工作效率会得到提升。还有，通过养成与上司或部下进行良好沟通的习惯，你的工作会顺利且有创造性地进行下去，这也会影响最终的成果。

良好的习惯，为稳定持续地取得卓越的成果，做出了贡献。

②调整状态

不管多有能力的人，如果状态调整不好的话，就无法发挥出高水平。有能力的运动员在大舞台上很难发挥实力，在没有良好学习环境的情况下，能够保持高成绩的孩子少之又少，这些都是同样的道理。

例如，如果养成了能够调整个人状态的饮食习惯的话，它就会在很长一段时间内产生稳定的效果。这并不仅限于运动员之类的人，这也是当今社会的公司职员们应当留心注意的事。另外，良好的心理习惯、瑜伽与深呼吸的习惯等，其减轻精神压力与焦虑的效果、预防近年来日益普遍的抑郁症的效果，也是我们可以期待的。

③提升大脑能力

令人惊讶的是，习惯能让大脑的力量提升。详细地讲述这一效果，也是本书划时代的特征之一。

我将在第 6 章里对此进行详细的介绍，挑战某种事情、进行特定运动等会促进脑内的神经元以强大的形态结成新的联系，这就被叫作大脑力量的提升。这正是提升大脑能力的效果。大脑能力不断发展，也会让大脑的重量切实地变重。这种提升不仅限于智力（IQ），还有洞察力、判断力等，大脑相关的各种能力都会向上推进。另外，随着习惯的逐渐固定，意志力水平也会提高。

这对于上班族以及觉得自己大脑能力需要改进的人来说，难道不是一种福音吗？

是的，**习惯胜于才能。**

Column3 不管从几岁开始，大脑能力都能继续发展

据斯坦福大学心理学教授卡罗尔·德韦克所说，人分为两种心态。一种人相信"人的智能（脑力）是与生俱来的，无法通过努力提升它"。另一种人则相信，"只要努力，智能（脑力）也能提升"。

第一种心态是固守极限的，它在自己身上看不到能带来改变的心理习惯。可以这样说，这是一种死板、僵化的心理。他们认为大脑能力是天生的，即使努力也得不到发展，所以他们经常会认为"我的能力就是这个程度了""这就是我的极限"。抱有这种心态的人，是一种自我防卫型的人，为自己划定了界限。

第二种则是跃跃欲试的心态，它在自己身上看到了能带来改变的心理习惯。这是一种无拘无束的、柔软的心理状态。因为他们相信不管从多少岁开始大脑能力都能发展，所以经常会说出"我还能行""好想试试"之类的话。并且，因为他们把挑战当作让自己成长的机会，

所以自然而然地就拥有了旺盛的挑战者精神。

　　根据与德韦克教授相交至深的、同志社女子大学的上田教授所说，每个人在刚出生的时候都拥有跃跃欲试的心态，都处在天然的跃跃欲试的状态当中。而且，上田教授在日本的研究发现，一直到小学毕业为止，几乎所有人都持有跃跃欲试的心态。而中学一年级的时候，以这个时间点为界，转变为固守极限的心态的孩子急剧增加。

　　那些抱有固守极限心态的、直到现在都感觉"没什么想要跃跃欲试的事情"的人，还有那些在不同情况下，即使听到这种说法，骤然之间还是无法相信"脑力自身能够发展"的人，其实原本都是跃跃欲试型的天才。这不过是因为他们受到了周围的影响或父母的灌输，不知不觉之间丧失了内心的柔软，一点点积累形成了固定的想法和价值观罢了。

　　在这里，我们应该好好关注的一点是，这种心态的转换原本是由于积累产生的，因此从今天开始，进行另外一种积累就能实现心态的再转换。

"固守极限心态" 和 "跃跃欲试心态"	
固守极限心态	跃跃欲试心态
即使努力大脑能力也不会改变	只要努力大脑能力就会发展
想要展现自己的优点 "想尽量展现优点"	想变得更好 "想向难题挑战获得成长"
失败即错误 "一旦失败就无法补救"	失败是对自己的投资 "得到很多教训的失败是对自己的投资"
自我防卫型 "因为不想让人觉得自己不行,所以不想向难题挑战"	课题挑战型 "就算是很难的课题,也要试着去想想怎样能解决"※

※ 从上田信行所著的 *playful thinking* 中引用

Check lists

· 成功者都养成了良好的习惯。

· 小习惯的不同会产生大差别。

· 习惯化有 3 个效果:

  提升业绩

  调整状态

  提升大脑能力

找到"能成为开关的习惯":真正目的和最高目标

01 你真正想做的事是什么

到这里为止，我们在第 1 章至第 3 章中接触到了习惯化的几个要点；在第 4 章中看到了习惯所拥有的力量。而在第 5 章当中，我将向大家说明开始习惯化的具体步骤。希望大家不要只是读过了这本书就完了，而是要认真地按照步骤去实践。

首先，我给大家讲讲应该如何找到对你来说能成为开关的、应该最先致力于养成的那个习惯。

思考真正的目的

第一个问题是：

你真正想做的事到底是什么？

这是非常重要的问题。

不管是工作上的习惯，还是早起、减肥等习惯，"总觉得看起来都不错"，你这样想并开始试着养成它们，结果却坚持不下来。你有这样的经历吗？

这是当然的。因为你没有一个自己认同的目的意识，在这种情况下，即使你想努力去养成某个习惯，也不会有发自身心内部的持续力相伴。你究竟是为了什么想要养成习惯呢？**当你自己确定了真正的目的，这种发自内部的持续力就会产生。**

在序章中，对于 M 先生来说，真正的目的就是"好好享受和家人度过的充实时光"。而且，为了这个目的，他最先养成的习惯是"每天早上 5 点 30 分起床"。那么，对于你来说真正的目的是什么呢？

现在我就要告诉大家探索这一目的的方法。

我曾用 3 个月的时间减重了 10 公斤，那个时候我最初的想法是很模糊的："因为体重已经接近 80 公斤了，所以要减掉几公斤。"我回忆起在这当中，最初成为我想要减肥的契机的，是我在体检的类脂质判定中得了个 E。而我真正想做的事情是什么呢？我一边进行自我训练，一边试着问了自己好多次，得到的答案是：

"为了孩子们,我要成为一个能够健康、充实地度过每一天的帅气父亲。"

当我察觉到我的真正目的是"为了孩子们"的时候,在我心灵与身体的深处,有一种"咔嚓"一下被触动了开关的感觉。一旦触动了开关,事情就会自然且顺利地进行下去。3 个月后,我拥有了判若两人的结实身体,胆固醇等类脂质的数值也进入了良好范围,我对健康的不安感也消失了。

那么,你真正想做的事究竟是什么呢?

此时此刻,即使你无法清楚地回答这个问题也没有关系。这之后,你将会进入到越来越清晰地描绘它的阶段。诀窍是,你要把达成目的之后会发生的事清楚地想象出来。

想象的时候,要尽可能地具体和清晰,这是非常重要的。

· 达成了目的的时候,你在哪里?

· 和谁在一起?

· 正在做什么?

· 在这个情境下你能看到什么?

· 能听到什么声音?

· 做这件事的时候你的心情是怎样的?

· 这时,身体的感觉是什么样的?

就像这样，你要把它当作现在正在发生的、你正在体验着的事情去想象。把想象具体化、清晰化，你的潜意识就开始行动了。

想象激活了你的潜意识。

02 明确达到目的的步骤

下一步,我们采取一边想象一边写出来的方式。也许会让你稍微有点不太习惯,但这是能让你脑海中的想法明确可见化的重要步骤。它还有一种推动潜意识的效果,那就是**"通过书写来接近实现"**。所以,请一定要一边强化印象一边来写写看吧。

Step1

请举出一个今后你想要试着努力去养成的习惯。

_____

_____

(A)

Step2

为什么想把 A 习惯化呢？

_____

_____

（B）

我觉得，你想要养成良好的习惯，肯定有其最初的目的，比如想要提高英语水平、想要减肥等。而当这个习惯被习惯化了之后，会出现什么样的好结果呢？请试着想象一下，尽可能清晰一些。

Step3

如果达到了 B 当中的目的，接着你想要做什么呢？

_____

_____

（C）

通过这个问题，我想，你能更清楚地看到自己想做的事，以及想要通过习惯化去达成的事。请把你所看到的这些东西，具体而清晰地呈现出来。

Step4

下一步，请你以 Step3 当中想象到的东西为基础，试着再次追问自己。

如果能达成 C，你接下来想要做什么呢？

（D）

请把你所看到的东西，具体而清晰地呈现出来。

Step5

更进一步，请你以 Step4 当中想象到的东西为基础，试着再次追问自己。

如果能达成 D，你接下来想要做什么呢？

_____

_____

（E）

请把你所看到的东西，具体而清晰地呈现出来。是否发现你想做的事的等级正在不断上升？像这样把"接下来要做什么"重复 3 次的话，你的目的就会从最初想要达成的事情发展到人生最终想要达成的事情，你目的的等级就会上升。（如果只重复发问一两次就能确实地感知到最终目的的话，那也没有关系。我的体验是，重复发问 3 次，大部分情况下就能找到真正的目的。）

那么，请再问自己一次。

你真正想做的事情是什么？

_____

_____

找到这个"真正想做的事"是非常重要的。只要你能做到这一点，你的潜意识向习惯化方向发展，就是板上钉钉的事了。把这一套流程走下来，即使你没能明确地发现"真正想做的事"，也会得到一些提示，有可能会让你改变最初选择的习惯设定。在不断发问的过程中，真正的目的就会明晰起来，所以请你一定要试着多做几次这个步骤。这也能是你重新审视自己的好机会。

03 制定最高目标的方法

　　那么，在明确了真正的目的之后，为了实现这个"真正想做的事情"，我们要重新挑选自己认为重要的习惯。请大家一边参考着后面第 6 章里面的习惯，一边试着去做。在你原本设定的习惯之外，也许还会有你想拥有的习惯，请大家选出多个习惯吧。

　　选好你想要的习惯之后，接着就要决定一个你最先要养成的习惯。在你选择出的名单里一边排序，一边仔细考虑。

　　请确定一个最初要养成的习惯，**只要一个**。

　　我理解大家想要同时养成好几个习惯的心情，但就像我之前所讲的那样，首先只着手于一个习惯是非常重要的。

　　就像我说过好多次的，在习惯化的初期阶段，是需要有意识地去努力的。而现在，在你阅读本书的此刻，你全部的意识都用在了想要把自己选择的习惯习惯化上面，这个意识和行动的排序在你心里是处于第一位的。

然而，到了明天，工作上的事和各种各样的私事会闯入到你的意识中来，你的排序就会发生变动。而且，一周之后、一个月之后，它还会发生新的变动。我想，在这样的情况下，想要把好几个习惯都习惯化是非常困难的。

因此，我们要首先把一个习惯保持在平时意识排序的第一位，一直保持到能够无意识地"去行动"的阶段。这样一来，之后几乎不用意识的力量也能坚持下来，一个习惯就这样走上了轨道。

决定了一个最初要养成的习惯之后，就要把它变成具体的每日目标，而这种目标设定也是有要点的。

把能够每天坚持的事作为目标

不管如何仰望星空，我们也只能脚踏实地。因为是每天都要做的事，所以如果难度设定得太高的话，原本能坚持的事却反而坚持不下去了。

没长性的人就很容易太过努力而干得过头。明明此前从没正经运动过，他们却错误地认为"要是每天早上不跑个10公里的话，就没什么运动效果"，即使做了这个高难度的设定，这件事也坚持不了几天，也做不到习惯化。

将其设定为"每天早上慢跑500米"就差不多了。每天的目标不要太高，把重点放在坚持上面，这才是抵达"真正想要做的事"的最短路径。

首先，要试着让这个能坚持下去的事持续3周，可以在坚持的过程中对难度进行微调。或者说，提倡大家一边践行目标一边进行灵活的调整。坚持几天之后，如果感到"不止500米，我跑1公里也行"的话，对目标随时进行更新就可以了。

一旦坚持了3周，"它是每天要做的事"的感觉就产生了。如果这件事持续了3个月，就可以说它已经非常上轨道了。

制定一个能明确判断出每天是否达成的目标

当你设定好了一个看起来能坚持下去的每日小目标之后，请再确认一下，它是不是一个能明确判断出每天是否达成的目标。把具体要做的事情、实行的时机、次数等作为指标，目标是否达成就会变得很容易评估了，比如说：

慢慢吃饭—晚饭要用 30 分钟以上的时间慢慢吃

要培养好好听部下说话的心态—当部下来报告、联络、商量的时候，姑且放下手头的事，采取好好听他说话的态度

就像这样，把具体要做的事情、实行的时机、次数等都设定好的话，我们就能很容易地判断自己有没有实现目标。

我推荐大家**每天即将结束时，在笔记本或日记本上写下自己在多大程度上实现了目标**。

据说在这世界上的成功人士当中，有很多人都在写日记。在一天结束时，用日记的形式来回顾每天的活动，能有力地推动习惯化的进步。

试着写写日记，总得满分并不重要，发现一个正在一点点努力的自己才是最重要的。

04 正面表达的效应

尽量避免使用否定或禁止的语句

为了习惯化而设定的每日目标，是你每天都要面对的东西。因此，最好避免接二连三地使用打击干劲的语句。

我建议你再次审视一下你的目标，如果里面出现了消极的语句，请一定把它变换成积极的语句。这样更容易激发你想要去做的心理，更容易保持你每天坚持的心情。

刚才我们做了这样的改写：

慢慢吃饭—吃晚饭要用30分钟以上的时间慢慢吃

如果原本的目标是以下这种描述，会有什么感觉呢？

"别吃太快。"

你能产生多少每天坚持下去的心气呢？

对于今天完成了这个目标的自己，你又能产生多少表扬的心情呢？

它总让你有一种提不起干劲来的感觉吧？而且我想，你还会产生一种像是被别人禁止、被下达了指令的感觉。

目标设定的一个要点，就是要尽量避免使用否定或禁止的语句。

吃饭原本是一段充实而美妙的过程。就算你想减肥，也不能以消极的心态去吃饭。如果你抱着"摄取卡路里是坏的"的心态去吃饭的话，不管你做什么，都会有一种自己在做负面事情的印象缠绕着你。

在这种印象的影响下，你不得不以晦暗的心态去应对事情，就很难产生想要坚持下去的心情。首先，不要抱有消极的心态，不要使用否定或禁止的语句，这是非常重要的。

如何把努力进行习惯化的过程变成充实又美好的光阴呢？按照这个思路想一想，你在设定目标时所选择的语句也会发生变化。

让我们一步一步来看吧。

首先，要把目标变成不含有否定或禁止语的句子：

别吃太快——慢慢吃饭

这样一来，语气就变得平缓了。

再像前面提到过的，把这句话变得更具体。

慢慢吃饭——吃晚饭要用 30 分钟以上的时间慢慢吃

现在，试着把它改写成一个更加打动人心的、积极的、充满情绪色彩的句子吧。

吃晚饭要用 30 分钟以上的时间慢慢吃——晚饭要用 30 分钟以上的时间去享用，要饱含感激之情从容地去品味

怎么样？

我觉得每日目标变得更加生气勃勃了。这样一来，你就能想象出更加丰富多彩的生活，也变得更想去实行了。而且，到了一天的结尾，当你回顾自己是否完成了目标时，你是不是也会为做到了这一点的自己而感到自豪，以充实的心情进入睡眠呢？

避免三天打鱼、两天晒网的对策

01 找到适合自己的做法

首先要了解自己

你已经找到了应该为之努力的最初的习惯，决定了把它习惯化的具体目标，描述目标的句子对你来说也变得生动活泼起来了，那么现在，我们就要进入"寻找到适合自己的做法"的阶段。

要做这件事，"了解自己"是非常重要的。要想了解自己，最首要的是要观察自己的癖好，观察自己的行动模式。一边观察自己，一边创造出一个能够最舒服地进行习惯化的环境，这对于习惯化的成功来说，是个巨大的推动力。

例如，如果要减肥的话，你就要考虑如此具体的事："减肥时运动占几成，饮食控制占几成呢？"对于不太喜欢运动的人来说，运动占八成、饮食控制占两成的比例就是不太现实的。饮食控制的比例占得多一些执行起来才能更加自然。

即使是要运动，你也要考虑，是去健身房好呢，还是在自己家运动好呢，还是去附近的公园好呢？

要慢跑的话，家附近的哪条路最舒服呢？

跑步的时候，哪里的风景最让人心旷神怡呢？

多多尝试让自己感觉最舒服的做法，并试着找到它，就会一下子提高使习惯固定下来的可能性。

02 与愉快的情绪联结起来

制造潜意识层面的持续力

就像我所说的那样,请大家一定要意识到,**进行习惯化行动要与愉快的情绪直接联系在一起**。这种联系,哪怕只有一点点,也是非常有效的。

比如,对你来说,是不是也有一些与美好回忆联系在一起的歌曲呢?

与青春时代最棒的回忆联系在一起的歌曲、与运动会上的胜利或成功体验联系在一起的歌曲、最喜欢的电影到了高潮时播放的歌曲，我们要在进行习惯化行动的时候听这些歌曲。早上慢跑的时候可以听一听，悠闲地用 30 分钟时间去享用晚餐的时候听一听，在这些行动中听这些歌曲，会让愉快的情绪高涨。每天如此反复，你的潜意识就会开始认识到：**进行习惯化行动 = 愉快**。

这样一来，你的潜意识就会安心下来，并且在两者之间形成深刻的联系。而坚持行动，是需要借助你潜意识的力量的。因此，这种联系是非常强有力的。

另外，如果我们定下这样一个规矩：只有在进行习惯化行动的时候才能听这些你中意的歌曲，那这种联系就更加有效了吧。

如果你是个巧克力狂热爱好者的话，那么，定下一个只有在进行习惯化行动时才能吃巧克力的规矩也是非常有效的。如果想要把慢跑习惯固定下来，就不要把巧克力作为奖励在慢跑之后吃，而是要定下这样的规矩："只吃 3 粒最喜欢的巧克力，只有在慢跑之中才能吃。"

通过不断的坚持，慢跑就会与愉快的感情牢牢地联系在一起。不久，就会变成，就算不吃巧克力，一旦开始慢跑，口中就会有甘甜的感觉。这时，你已经基本上处于条件反射的状态了，习惯化进程就有了进展。

从始至终，本书想要传达给大家的习惯化的方法，都是不用努力、不需要勉强自己的方法。

如果习惯化的行动每次都是超负荷的话，那么它是不可能长久的。与其因为勉强自己而变得三天打鱼两天晒网，倒不如每天严肃认真地把那些不用太努力也能做到的事坚持下去。**一开始不要期待着出成果，把重点放在将习惯固定下来上面，才是习惯化的成功之路。**

例如，你为了养成运动习惯去了健身房，即使你想要做肌肉训练，在最初的一段时间内，也应该试着用不太吃力的负荷量去坚持。还有，即使你想要做慢跑之类的有氧运动，也最好在到了"还想再跑跑"的程度就停下来，这种做法会激起"还想再做"的快感，形成潜意识层面的持续力。

03 找到易于行动的模式

把行动程序化

另一个我想介绍的是，"找到易于行动的模式"的方法。

例如，当你想要把这样一件事习惯化："每天晚上睡觉之前，把今天发生的好事记下来，写个一行以上的日记。"

所谓睡觉之前，也是有各种各样的时机的。比如从浴缸里出来之后、刷牙之后、躺在床上之前等。

对你来说，在哪个行动之前、哪个行动之后是最容易记日记的呢? 尝试一下各种模式吧。

　　也许有的人会一边刷牙一边回忆今天一天发生的事情，那么他就会觉得在刚刷完牙之后记日记是最好的时机了。也许还有的人会觉得在床旁边把明天要穿的衣服备齐之后的时机是最合适的。

　　为了促进健康和减肥而前往健身房也是同样的情况，是平时的晚上去好呢？还是周六的早上去好呢？还是周日傍晚去好呢？如果你能进行各种各样的尝试，并从中找到让自己心情最好的模式的话，让这件事持续下去就变得很容易了。同样，在健身房的运动也是一样，是先跑步再进行重量训练呢，还是先进行重量训练再跑步呢，等等。找到最适合自己的顺序也是非常重要的。

　　就像上面所说的那样，如果你能观察自己的情绪变化与癖好，找到最易于进行习惯化行动的模式的话，那么把这个行动程序化就更加容易了。

04 找到伙伴很重要

因为结成减肥小组减重了 10 公斤

最后，最强有力的做法是，根据习惯化种类的不同，"**找到能一起努力进行习惯化的伙伴**"。

不管是减肥、运动还是提高英语，与抱有相同目标的伙伴一起前进，就能提高干劲、防止中途松懈。

同伴之间可以就习惯化的各种做法，相互交换彼此意见、交换从切身体验得出的好点子，这也是好处之一。而最重要的是，有了伙伴，就可以相互激励，可以愉快地前进。

　　我在减肥的时候也是这样，包含我在内的 3 个男人组成了一个小组。因为小组是在夏天刚开始的 6 月组成的，所以名字就叫作"常夏减肥兄弟"。我在关东，另一个人在中部，还有一个人在关西，因为住得距离比较远，所以我们设定每两周开一次 1 个小时左右的 skype① 会议，来报告近况和相互进行短期指导等。

　　最终，在 3 个月后、夏天也刚好结束的时候，我们达成了这样的成果：我减了 10 公斤，另一个人也减了 10 公斤，原本已经达成减重目标的第三个人体脂率从两位数变成了一位数。

　　我们相互激励，激发彼此的勇气，我想，我们能让每次会议都是愉快的，并且有很强烈的动力坚持下去，这也是成功的要因。

　　在这里，因为我们采用的是不勉强自己、把潜意识变成朋友的做法，所以即使恢复了正常的饮食模式，也能保证 3 年以上不反弹。

　　顺便一提，由于连锁和波及效果，我在这之后还养成了早起的习惯，一直持续着每天早上 4 点钟在写字台前开始一天活动的习惯（实际上这本书的初稿也差不多都是在早上 4 点到 6 点之间写的）。而且，这一积极的连锁波动至今都在不断扩大着它的

---

① skype，一种即时聊天工具，可以往手机、座机打电话。是卢森堡 Skype Technologies 公司开发的 IP 电话软件。——译者注

影响。

另外，对于企业经营者、团队领导们来说，我也推荐你们采用让整个公司或整个团队一起致力于习惯化的方法。例如，利用午休进行 20 分钟的慢跑，设定一个自愿参加的早餐会议等，能够促进大家一起养成减肥、早起等习惯的点子应该有很多吧。我想，这些都很值得去尝试。

Check lists

·确认真正的目的，能让你从内部产生持续力。

·在进行想象的时候，如果能尽可能地具体和清晰，就更容易激活潜意识。

·把能够每天坚持的事当作目标。

·制定一个能让人明确判断每天做没做到的目标。

·把描述目标的语句转换为正向的。

·把进行习惯化行动和愉快的情绪直接联系在一起。

·一开始不要期待取得成果，将重点放在习惯的固定上面。

·找到易于行动的顺序模式。

·找到一起努力的伙伴。

/ 第 6 章 /

改变工作与身体的习惯养成法

改变工作的习惯

01 断舍离的重要性

工作主轴变得清晰可见

在第 5 章中，我们围绕开始习惯化的具体步骤进行了说明。在接下来的这一章中，我会给大家讲讲对于你来说有可能成为开关的各种习惯，比如，涉及工作方面和身体方面的饮食习惯、运动习惯、睡眠习惯、姿势习惯等。我推荐大家首先根据自己的步调选择看起来能把习惯化进行下去的习惯。

首先，是"工作的习惯"。

即使在这一章中，我想要最先提出来的，还是之前说了很多次的一个词——"断舍离"。在创造空间、创造余裕这个意义上，断舍离是非常重要的行动。

流通于全世界的信息，其总量正在以天文学的速度持续增加着。据英国的《卫报》统计，在网上流通的信息，更是每18个月就会增加两倍。我们真的需要那么多的信息吗？

断舍离这个词，成了近年的流行语，迅速在全世界流行开来。一般认为，它流行的背景就是这种过度的信息社会化。

所谓的断舍离，并不仅仅是整理整顿。这个词，是由瑜伽行法里的断行、舍行、离行而来的。它最基本的观念，在于"远离执着"。更进一步说，就是要远离"欠缺"这种观念。

即使是在工作当中，这种"欠缺"也总是缠绕着我们。经验不足、知识不足、信息不足、人才不足，等等。因此，我们常常会被这种观念所左右："要想成事，就必须备齐各种条件。"

当然，每天不断努力、积累经验、积攒知识、收集必要的信息、召集优秀的人才，一边这样做一边工作下去是非常重要的。但是，如果这种"没了……就做不到"的观念过剩了的话，我们就会开始做没有必要的事，想要得到没有必要的知识和数据，就会在利用现有势力好好进行团队建设方面有所疏忽。

会发生这种事，是因为没有认真搞清楚什么是必要的。正因为没有搞清楚这一点，所以才会想要把这个那个都胡乱地收集起来。

原本我们在工作当中，如果明确了什么是目的（存在意义）、什么是重要的（价值观）、以什么为目标（理想）、要做什么（战术），那么我们就应该能清楚地把握住什么是必要的资源了。

我在进行企业培训的时候，都会实施一个让社员能够找到自己主轴的方案。因为这样一来，从内部产生的坚持下去的动机就会格外强烈。

因此，在本书中，为了让你更容易地看到工作的主轴，我也会先来介绍断舍离的习惯。

02 为读书断舍离的习惯

养成深入思考的读书习惯

首先，是**读书的断舍离**。

我想，正在阅读本书的各位，平时阅读得比较多的是商务类书籍、专业类书籍、与工作直接相关的书籍以及与生活方式相关的知识类书籍吧。

虽然我们经常乱读、泛读、买了不读，但多接触书籍能让我们增长知识，同时也会给我们提供加深见识的机会。通过读书，我们能提升工作上的技能，还能学到工作上重要的思考方式。

我推荐大家在为了工作而读书的时候，能**聚焦在自己喜欢的、拿手的领域**，从而精益求精。

其中尤其重要的是"喜欢"，当你在做这个领域的工作的时候，能够感到有趣、能够集中精神、能够品味到喜悦，这是非常重要的。

所谓的聚焦，也包含着这样一种含义：当你钻研这个领域的时候，要把你觉得非常有用的书反复阅读。这正是一种选择与集中。

我们来聊聊反复阅读时的做法。

Step1

读完一本书之后，在最后一页的空白处写上读完它的日期。

Step2

判断一下这本书在自己的一生当中有读多少次的价值。

Step3

在记下的日期左边，写下①，根据你决定要读的次数，在它下面，竖着写上数字②③。

Step4

决定要读两次以上的书，在确定了第二次阅读计划后要么放在书桌边暂时不读，要么平时就放在书架上可以看到书名的位置。

Step5

读完第二次之后，在②的右侧写上读完它的日期。

第三次及以后也如此操作。

顺带一提，我觉得最棒的书，我决定要读 7 回。我觉得相当有用的书，我决定读 3 到 4 回。

书只读一回的话，那么作者想要传达出的东西你连一半都理解不了吧。实际上，如果你把同一本书读了两遍的话，很多时候你都会发觉"原来还写了这样的东西啊"。

而且，随着读者人生阶段的改变，或是对该领域的更为熟悉，再次阅读时，对于原本认为自己已经理解了的内容，读者也经常会形成完全不同的理解和更为接近本质的理解。

被叫作"传说中的滩校日语老师"的桥本武，据说他并没有对滩中学的学生使用一般的教科书，而是用了中勘助的《银汤匙》，并且 3 年间从始至终用这一本书进行阅读教学。他的这种授课方式被称为彻底实践了就一件事进行深入思考、迫近其本质的奇迹的授课。

也许正是这种教学方式使学生的基本思考力达到了与此前截

然不同的高水平吧。其实，在今天让我们难以置信的是，1934 年桥本赴任时的滩校，是个东京大学录取率为零的学校。据说在这之中，最早一批接受《银汤匙》授课的学生里突然出现了 15 名考入了东京大学。并且 6 年后，滩校成为考入京都大学人数日本第一的学校；再过 6 年，尽管它地处关西，却已经成为考入东京大学人数日本第一的学校了。

我们常说，长于一技的人在习得其他东西的时候也会很迅速。读书也是这样，首先集中于一件事情，不断促进它的成熟，偶尔也对其他领域有所涉足，这种读书上断舍离的习惯，是一种非常有效率的方法。

03 为做决定断舍离的习惯

接下来，让我们稍微改变一下视线的焦点，来介绍一下做**选择决定时的断舍离**。

根据第 3 章介绍过的罗伊·鲍迈斯特的研究，我们明白了这样一件事：和努力、忍耐等需要动用自制力的情况一样，当你在某一件事上做决定，也就是做出选择和决定时，也是要消耗意志力资源的。在两位研究者的实验中，据说被试者在下决定时的反复权衡取舍，都会削弱意志力，会产生"疲于决定"的感受。针对多次实验和研究的结果，两位研究者这样表述：

"自我抑制、实践行动和使用意识做决定同样会使用精神上的资源。当你进行了选择决定活动后，就会把精神资源消耗殆尽，这之后的自我控制和活动能力就会下降。"

虽然这样说，但人生就是一串持续的选择决定组成的。在工作方面也是如此。那么，**反复进行选择决定会消耗意志力**，面对这个事实，我们应该采取什么样的对策呢？

据说，Facebook 的创办人马克·扎克伯格总是穿同样的 T 恤，以同一种装扮示人。听说那件标志性的灰色 T 恤，他居然拥有 20件以上。也有一种看法认为，这是一种打造个人品牌的方式。但扎克伯格自己的初衷是非常单纯的，他认为在穿衣服上面"耗费能量是非常浪费的"。一旦成为像他这样的人，每天就要处理几十个、几百个重要的做选择和决定工作。也就是说，**哪怕一点也好，他也想减少需要做决定的事务**。

每天早上从全部衣物中取出几套，一边想象着今天的安排，一边决定这一天的服装搭配，这可能是意想不到的费劲的选择决定。不仅是扎克伯格，史蒂夫·乔布斯总是黑色高领上衣配牛仔裤的装扮，美国前总统奥巴马总是穿藏蓝色的套装，等等，也是众所周知。他们都是在这些小事上进行了选择决定的断舍离。

对于扎克伯格来说，让 Facebook 良好地运转下去，是比任何事都要优先的。据说，他想要把"100% 的能量都切实地奉献给Facebook"，而在这之外，就会极力想要减少每天做决定的次数。

如果在私生活的一些琐碎抉择上耗费了能量的话，我们就会觉得没能把全力用在该做的工作上，所以一般认为，我们应该采取这样的战略：把琐碎抉择至简化，或者交给别人来做。这是为了工作而养成的最好的习惯之一吧。

要进行选择决定的断舍离，我建议大家在衣食住方面预先定好一个模式。特别是在早晨，减少工作以外需要选择决定的事务是一个重点。

· 定下一个穿衣模式。

· 决定好每天早餐的搭配。

· 早上尽量不要去确认 SNS 或私人邮件。

· 预先设定好回复邮件的时间。

· 为了不要在收拾房间上费时间，平时要经常整理整顿。

在上午进行重要决定的习惯

另外，我认为，从意向决定会消耗意志力这一点来看，养成**把重要的决定放在上午较早的时间来做的习惯**，也是非常重要的。

在女性下装制造商 Torinnpu 中，早上 8 点半开始，部长以上的干部会召开一个集中的市场营运和销售会议，据说他们会在这里用 1 个多小时的时间对 40 多个案件进行即断即决。

在提出要开这个会议的吉越浩一郎社长的时代，Torinnpu 实现了连续 19 年的增收增益。后来，吉越先生自己说道，成功最大的要因之一就是这个会议。

在上午尽量把精力集中于与重要意向决定有关的工作上，从下午开始，就可以安排邮件的回复、优先度低的工作或者一些杂务等。这样的习惯，应该能提高你工作的产出率和准确性吧。

04 以自己为重的习惯

把自己的时间放在第一位

在工作上，我们常常会不知不觉间忽略一件事，就是以我们自己为重。

残酷地使用身体、削减睡眠时间、对自己的兴趣加以忍耐，这些事不都已经变成理所应当的了吗？

更进一步说，我们不正是在避免把自己放在第一位，甚至认为把自己放在第一位是一种社会性的缺陷吗？

拥有与他人的协调性是非常重要的。作为团队的一员，能够发挥领导能力与团队协作力，也是商务人士能力的一种证明。而另一方面，过度的人际交往与深谋远虑会浪费你重要的时间、劳力和金钱。于是，我们留给别人的最深刻的印象，往往是一个"丧失了自我的人"。

我年轻时工作的公司是一个广告公司。现在想想觉得那时自己干得还不错，那时我觉得，加班 3 到 4 个小时是理所当然的，忙碌地工作、每天晚上在公司留到很晚才是一个能干的广告人的证明。同事中没有一个人按时下班，如果想按时下班的话，很容易被打上"不顶用员工"的烙印。当时就是这样一种气氛支配着我们。

而且，到晚上很晚，工作结束了以后，我每天都会和同事相约，漫无目的地走上夜晚的大街。如果一定要说有什么目的的话，那就是要多少消除一点之前那段时间带给我的压力。

那个时候，我在金钱上也是非常浪费的。虽然知道应酬不符合我的风格，但我也会一边告诉自己这是个重要的人际交往和沟通交流的机会，一边这样随波逐流地度过每一天。

那之后，到了 30 岁，我转行进了外资企业，那里的文化与之前有着明显的差异。完成了该做的工作之后，大家都会赶快回家。因为我属于市场部门，所以比起其他部门来还是会加班，但即使如此，与在广告公司的时代相比，也已经是云泥之别了。而且，和之前最大的一个差别是，我和职场同事一起无目的地喝酒的场合基本上没有了。

这样一来，我的生活模式也发生了巨大的变化。我拥有了充分的自己的时间。在每天的生活中，能够毫无顾忌地钻研学术、抽出时间给自己的兴趣爱好，让人有一种非常充实的感觉。特别是在独立工作前的 3 年，我基本不记得自己加过班（尽管如此，销售部门的销售额在那 3 年间增长了近 3 倍）。多亏了这些，我得以对心理指导和心理教练进行钻研，并与志同道合的朋友充分地进行活动。

在这个过程中，**我自然而然地养成了把自己的时间放在第一位的习惯。**

是否把自己的时间放在第一位，关系到能否做到自主生活而不随波逐流。

和自己做约定的习惯

话虽如此，但每个公司都有自己的风格。工作之后的酒席也是一种重要的交流机会。虽然有心把自己的时间放在第一位，但每次都拒绝的话，也觉得实在不合适，也有部分人是这样的处境吧。

要把自己的时间放在第一位，我推荐大家的做法是：养成**和自己做约定的习惯**。

我来说说它的方法。首先要在一个月的日程表里，填写上你和自己做的约定，比如与工作相关的学习时间、运动的时间等，例如平时的晚上每周两次，午休每周 3 次之类的。

并且，**这个约定，要比和世界上任何人的约定都更优先。**

即使在有约定的这一天有人约你去喝酒，你也要说："谢谢，我已经和重要的人有约了。"把这种郑重的谢绝贯彻到底，也是这个习惯的一部分。

也许最开始的时候你会有于心不安的感觉，你也许会想："拒绝他一次的话，以后不会不再约我了吧？"但这多半都是你想多了。

也许有一些人觉得拒绝的态度是不好的，这在概率上肯定有一成到两成。

但另一方面，抱着好意去理解你优先履行和自己的约定、果断拒绝的人，也占了一成到两成。平时，我们往往会把自己时间的优先顺序不知不觉间就放在了末位，这真是令人惊讶的事。但这可是和比世界上任何人都重要的人的约定啊。

对于你来说，还有比你自己更重要的人吗?

当我们回到这个问题上来的时候，你就应该明白，漫无目的只是走过场的酒会，和与最重要的自己的约定，哪个应该更优先了吧。

首先，试着用一个月的时间把这件事贯彻到底。这样一来，你就能切实地感受到把和自己的约定放在第一位的那种感觉了。这是因为，在这一个月当中，你会深深地感受到，以前参加的那些应酬酒会，是多么浪费自己人生宝贵的时间和金钱。

"和自己做约定"的习惯，是一种让自己变重要的习惯，也是一种能让你与随波逐流的自己分道扬镳、让你**以很强的自我决定性去生活**的习惯。

Column4 以自己为重的榜样：一流棒球运动员的习惯

　　稍微转换一下角度，在这里我先给大家介绍一下将君[1]，也就是纽约洋基队的田中将大选手的故事。

　　我们要说的就是那个在日本职业棒球界取得一个赛季 24 连胜的成绩、进入了美国职棒大联盟的田中选手。他在世界上超一流的队伍洋基队当中展现出的超级活跃的身影，不断给予我们巨大的勇气。虽然总是苦于手肘的伤痛，但他站在投球踏板上压制对方击球手的能力是天下第一的。他受到来自领队和队员的极大信任。

　　每年，日本都有顶级的选手挑战美国职棒大联盟。在这些人当中，即使能够成为美国职棒大联盟的正式选手，能保持与在日本时不相上下的知名度的人也不多见。一直保持着极大知名度的田中选手，有一个极具特色的习惯，那就是——"比赛结束后马上回家"。

----

[1]　田中将大选手的昵称是"マ一君"，即"将君"。——译者注

　　也就是说，他虽然生活在世界上娱乐诱惑最多的城市纽约，却一天天过着工作结束后马上回家的日子（田中选手是个出名的爱妻模范丈夫，妻子亲手做的料理比什么都让他期待，这可能也是一个很大的原因）。

　　作为红袜队的压阵守护神，站在世界职业棒球锦标赛的最后一块投球板上大展身手的上原浩治选手，也曾经在访问中表示过，他的美国职棒大联盟生活就是在"球场和家之间的往复"。

　　上原选手的每一天是这样度过的，他要在红袜队领先1分的9局中，被委以救援投手的重任，完成常人无法想象的具有巨大压力的使命。比赛后，他会在球场的食堂里用餐，接着回到自己居住的酒店（他是在波士顿单身赴任），回去后马上要做的是身体的电动按摩，尤其以手肘为主。这之后，他会一边查看电视上的新闻，一边来一罐啤酒，算是给自己小小的奖励，然后他就会为了第二天的工作而立刻躺到床上就寝。

　　我认为，没有必要让所有人都过这么自律的生活，但我想让大家关注的是他这种以自己为重的姿态。偶尔和朋友们一起喝酒喧闹尽情玩一玩，在某种意义上来说也是很重要的（对于上原选手和田中选手而言，在地区优胜的庆功会上举杯庆祝就相当于此了吧），而那种每天都随波逐流地参加酒局，难道不是一种可以舍弃的习惯吗？

田中选手也好，上原选手也好，他们都没有被五光十色的娱乐和看似有趣的诱惑所迷惑，他们经常这样自问："你是为了什么而特意漂洋过海的呢？"他们以自己的人生为重，不断给予我们感动。

再说一遍，我们没有必要那么严肃认真地过着克己的生活、然而，稍微发挥一下白律能力，让自己经常保持良好的状态，才是一个以己为重、大显身手的"能干的商务人士"的姿态。

05 用自己的语言去说话的习惯

所谓面试，到底是用来干什么的时间呢？

与工作相关的、"以自己为重"的要点还有一个。

那就是与面试有关的习惯。

正在阅读本书的各位当中，也许有学生或者正在考虑换工作的人吧。实际上，我在当公司职员的时代，就换过 5 次工作。另外，为了录用自己的部下，我还作为面试官面试过 100 多人，可以说，我是个面试的老手了。

提到面试，大家对它都是什么样的印象呢？

也许有的人只听到这个词，就会开始紧张、身体僵硬、全身冒汗。还会有很多人回想起了那个不容易的求职时代吧。我想，面对着面试，大家会想"必须好好记住面试指南上的内容再回答""怎么样才能留下好印象呢"，这也是非常正常的。

然而，请先等一等。

所谓面试，到底是什么呢？

这是当我被聘为大学特邀讲师时一定要告诉给学生们的东西。首先，所谓面试，绝对不是单方面的东西。

所谓面试，不只是面试官看清求职者的方式，同时也是求职者要看清这个公司是不是值得自己花费人生宝贵时间的场所的方式。

也就是说，面试不只是让你被问东问西，是的，它还可供你去问清各种事情。

这是作为面试官的我的经验（绝大部分都是录用往届生或有工作经验的人的面试），进行招募的一方，实际上也是处于不妙的状况之中的。所招募的职位处于空缺状态，说明以团队领导为首，团队成员们都在承受着负担。这种状态是不能拖延的。这就是公司想要尽早录用一个适合这个职位的人的理由。

录用新社员的时候也是如此，公司是抱着这样的目的来进行新人录用面试的：要寻找一个与公司相契合的、而且可以的话能长时间表现优良的人。在这个意义上，**所谓面试，就是彼此确认匹配度的方式。**

进入一个公司，是人生中的一大契约。它和结婚什么的是一样的，是你最重要的契约之一。所以，难道仅凭着印象传达给我们的东西、熟人那里听到的情报，还有网站上得到的信息，就能决定这么大的一个契约吗？

决定婚姻大事的时候，你应该没有勇气仅凭着那人 Facebook 上的信息和朋友的评价就下决定吧。你不还是要两个人面对面地好好谈一谈、一起经历一些事、互相确认好各种东西之后才决定吗？

在这个意义上，当你决定一个公司的时候，就只有几次面试这一个机会了。把这个时间变成只有单方面地被询问真的恰当吗？

如果你有以自己为重的习惯的话，我想你是绝不会让这种事情发生的。

改变一下对面试的看法

试着再回想一下，以外资企业为主，有着 5 次换工作经历的我的面试合格率确实是相当高的。我想，这是因为我有这样一种以自己为重的感觉："我们的关系并不是录用的一方了不起，而我站在拜托他的立场。我们的关系是，双方是正在互相寻找最佳匹配度的同伴。"

因为我是以这种感觉去面对面试的，所以为了确认这个公司和我自己的匹配度，我记得我把想问的问题全都说出来了，比如："如果被人问到'贵司的某某品牌是什么样的品牌'，贵司的所有成员都会有相同的回答吗？"还有，"我想在这家公司里做×××，在这一点上贵司的 ××× 会怎么样呢？"诸如此类。实际上，后来成为我上司的人曾这样对我说过："我对那个时候的那个问题印象非常深刻，至今为止没有一个人提出过那样的问题。"

另一方面，站在面试官的立场上，应募者为了突出自己的优点而准备好的话语我马上就能看穿。还有，那种不自然地刻意讨好的态度我也立刻就能看透。

其实重要的并不是那些事，而是**你有没有以自己为重、有没有用自己的语言来说话**。即使在这些场景下，以自己为重的习惯也在产生着影响。

我从找我做指导的客户那里，也接到了很多关于换工作的咨询。我在这时所做的，是一种叫作心理彩排的东西：模拟面试现场，进行假定的一问一答。面试官这个角色也要客户自己来实际做做看，试着变换到面试官的立场，也是这个彩排的重要一点。

最初，几乎所有人都是以"去接受提问"的姿态开始这场彩排的。彩排会持续好几次，根据情况的不同，有时甚至达到 10 次以上。在这里，一旦你决定要以"去确认彼此的匹配度"的姿态面对面试，你的面貌就会完全改变。因为你以自己为重，所以你的姿势和态度都会变得光明正大，你就变成了客户，你也就能说出那些生动的语句了。即使是旁观者来看，你也像是一个会被对方想要断然录用的人。

顺带一提，做这个心理彩排让我总感到惊奇的是，我经常会收到这样的报告："实际出现的面试官和彩排中想象出的人基本相同""在现实中对方接连不断地问出了咱们在彩排中假想的问题"等。

在你要面试或者与上司进行业绩评价面谈的时候，请一定试试这种心理彩排。就算是用来试着做个自我指导，效果也是值得期待的。

就像这样，一旦你养成了以自己为重的习惯，非常难得的副效果也就产生了，那就是**自我重要感和自我肯定感自然而然地增加了**。因为每天都以自己为重，所以**"自己是重要的存在"这种想法就会郑重地渗透到你的潜意识当中**。

对于你来说，你最想要谁传达给你的"你很重要"的感觉呢？父母、兄弟、孩子、朋友，我想会有各种各样的人吧。即使在这些人当中，最关键的那个人不终究还是你自己吗？以自己为重的习惯，就是亲自去做想要别人为自己做的事的非常宝贵的习惯。

06 提升大脑能力的习惯

走出舒适区，提升大脑能力

"舒适区"是什么呢？这是一个你已经能做到的事情，是一个即使你不用挑战也能做得很好的领域。我在这里要介绍的，就是走出这个舒适区的习惯。

对于人类来说，熟习了的事情才能让人安心。走出这个领域，就有被威胁到安全的可能性。因此，无意之中，我们往往会止步于在舒适区内活动。

另一方面，从各种研究中我们了解到，**走出舒适区会有很大**

的好处。

斯坦福大学心理学部教授卡罗尔·德韦克，在美国的好几个地区对中学生做了一个实验。不同地区的孩子们被分为了两组。对于第一组，她没有教给他们某件事，却把这件事教给了另一组。

结果，最初的一组，随着学期进展和课程内容变难，成绩不断下滑。这是很普通的事情。然而，被教给了某件事的那一组，成绩却不断上升。令人惊讶的是，在不同地区都发生了同样的事。

教授教给第二组的究竟是什么东西呢？

那就是——

"一旦你想要学习什么新的、难的东西，每当你走出舒适区，你脑内的神经元就会进行新的、强有力的结合。"

就是这个被脑科学证明了的事实。

也就是说，当你想要走出舒适区，向更新更难的事物发起挑战的时候，为了应对它，你脑内的神经元将会发生新的、强有力的结合，脑力水平就会提升，头脑也就变得更聪明了。这正是你的潜力上升的时刻。

"拥有挑战的习惯能够提升大脑潜力"，知道了这一事实的那组孩子们，就会有很大动力去致力于解决很难的问题。因为知道了只要挑战、努力，有难度的问题也能得到解决，所以他们的大脑潜力也就不断上升了。

与此同时，这组孩子的心中孕育出了一种信念，那就是**人类才能也能不断成长**的信念。

更进一步，教授在美国几所学校成绩最差的班级里，开设了以神经元为主题的课程。这些最差班级中的一个，坐落在美国黑人聚居地纽约南布朗克斯地区。据说这个学校四年级的学生，一开始处于连笔都不能认真握好的状态。而在这个课程开展了一年以后，这个班级竟然在纽约州的学校中，达成了算数考试平均分第一的壮举。

位于西雅图原住民居住区的一所学校的学生，由于学习环境非常不好，连续多年都是西雅图成绩最差的。大家都坚定地认为这是无法改变的事实，尤其是学校附近的人们。

而在这里也同样发生了令人惊讶的事情，这门课程开展了一年半以后，他们的成绩从最差一跃成为最棒。

知道了这个故事的你，是什么样的感觉呢？

好消息是，正在阅读本书、知道了这件事的各位，在这一瞬间已经得到了和那些成绩上升了的孩子们同样的条件。

也就是说，大家已经知道了这样一个事实：**通过走出舒适区这个方式，你的头脑从现在开始也能变得更好。**

那么，接下来让我们好好养成走出舒适区的习惯怎么样？

07 做平时不熟悉的事的习惯

人们往往会做出令人感到安心、安全的选择。这也是潜意识在追求它的缘故。尽管如此，还是有人会选择进行挑战，不断扩大舒适区，有的人则选择留在舒适区里。

用一个稍微苛刻点的表达方式，我们也可以说，一直安住在舒适区这个"安逸地带"中的人，就在**不断失去人生中提升潜力的机会**。

那么，该怎么办好呢？

就像我一直所说的那样，做一件事的时候要一点点来，要用小步子开始去做。我们要一点点地超越舒适区，养成扩大舒适区的习惯。通过这种做法我们就能明白，那些巨大的挑战也是能让我们一口气飞跃舒适区的决断的"要点"了。也就是说，我们就能明白挑战与无理鲁莽的差异所在了。

　　能让我们超越舒适区的，是决断。并且，这种决断会促进大脑神经元的强力结合，与你的潜力提高有关。在这里，我想要大家做的事是，**养成做决断的习惯**。对此，我推荐大家从小事着手。

　　其做法之一，就是养成尝试去做**平时不做的事**的习惯。

　　就像下面这样，我们来做一点小的累积。"从车站回家，走一条与平时不同的道路""试着邀请平时不太说话的人共进午餐""经常使用公司电梯的人也试着走走楼梯"，等等。我建议大家首先从每天试着做一次以上这样的事情开始，再试着慢慢地引入难度更高的事情。

　　接着，如果这些都已经习惯化了的话，下次就要升级到向更难的事情挑战。

　　我们最好能一边想象着自己大脑的神经元进行着新的强有力的结合、自己的头脑变得更加优秀，一边去进行挑战。

　　· 向 TOEIC 发起挑战。

　　· 试着把学会了却一直没用过的知识实际应用于工作当中。

　　· 试着接受一些有兴趣却因为没自信而拒绝了的工作。

　　· 提出一个新的项目企划，成为项目的领导。

对于这些看起来难度稍高的事情，如果我们能养成用平常心去对待它的习惯的话，你的潜力也会加速上升。

顺带一提，在我们的朋友里有这样一种人，他把**"做决断犹豫不决的时候，就选择难做的那一个"**作为自己的准则。因为和他有来往，所以我很清楚，这个朋友确实在 40 岁的今天，仍以令人害怕的速度不断成长着。这就是潜力自身在不断上升。我感到，习惯化的力量真的是大得出奇。

Check lists

· 读书的断舍离习惯，能让你在自己喜欢、拿手的领域精益求精。

· 选择决定的断舍离习惯，能防止意志力的消耗。

· 以自己为重的习惯，能提升自我肯定感。

· 与自己做约定的习惯，能打造不随波逐流的自己。

· 挑战的习惯，能提升大脑能力。

· 尝试去做平时不做的事的习惯，能打造爱挑战的体质。

改变身体的习惯

01 每周做几次料理的习惯

　　接下来，是和身体有关的习惯。

　　即使是在做工作这方面也是一样，年轻的时候勉强干还能干得下去，但随着年龄的增长，再想像年轻时一样干就不可能了，这就是现实。在漫长的人生当中，身体是支撑我们全部人生的基础。想要让这个基础稳如磐石，我们就必须去考虑饮食、考虑运动、考虑睡眠。

　　在这里，我将从饮食、运动、睡眠、姿势方面，为大家养成良好的习惯。其中，不仅有调整身体状况使之有利于你发挥最高效率的习惯，还包括通过促进对大脑的刺激来提升脑力的习惯等。

做料理会长寿

最开始，让我们先从饮食的习惯开始。每天的饮食，构成了我们的身体。吃下对身体有益的食物的话，以这些素材为原料的血液和肉体就形成了，如果一直吃下对身体有害的食物也是一样的。

不久之前，有这样一部纪录片，它的主题是如果好几天都一直食用某种快餐汉堡会怎样。但在我的想象中，想要把它作为实际的生活饮食去实行的人，应该是不太多的。

那么，正在阅读本书的各位，平时做料理吗？

中国台湾卫生研究院曾以当地 1888 个 65 岁以上高龄的男女为对象，调查了在家里做料理的频率与寿命之间的关联。通过这项调查，我们能观察到一个很有趣的数据。

调查对象做料理的频率是这样的："基本不做料理"占 43%，"一周 1—2 回"占 17%，"每周 5 回以上"占 31%。据说，在持续了 10 年的研究中，这 1888 人中有 695 人死亡，死亡率最高的是"基本不做料理"这一组，死亡率最低的是"每周做 5 回以上料理"这一组，而在这个死亡率当中，竟存在着 20% 以上的**显著性差异**。

我们可以看到，做料理"每周 5 次以上"的这一组，显示出他们的食物纤维和维生素 C 摄取量多，胆固醇摄取量少。做料理不仅能让我们每天的营养平衡，做料理的过程本身也能对大脑产生活化作用，这正是实验中显著性差异产生的原因。

料理的过程分为好几个阶段，对它进行统筹，也是在进行管理工作。

对料理的步骤进行不断的摸索，不仅能激活以前额叶为首的大脑机能，还能促进脑内新的神经元结合。**烹饪有让大脑能力提升的效果。**

就算不能做到每周做 5 次料理也没关系。从做简单的东西开始也好，通过养成做料理的习惯，我们能达到保持营养平衡、避免摄取防腐剂过多的食物、激活前额叶、提升大脑能力的目的。

另外，做料理带来的散心解闷的效果、减轻精神压力的效果，也是不容我们忽视的。而且，生活中要对塑造我们身体的食物抱有深刻的认知，不是比什么都要紧的事吗？

02 改变饮食习惯

如何靠"不含麸质"饮食孕育出磐石般坚固的身体

接下来，作为非常具体的饮食习惯，我要介绍一下避免摄入过多糖分这一点。

最近，网球顶级选手诺瓦克·德约科维奇因为改善饮食方法而取得了巨大飞跃成为话题。曾经，德约科维奇在 2008 年以大满贯制胜澳大利亚网球公开赛之后，就开始稍微有些进展不顺利，屡屡突发身体不适，在比赛中也经常晕倒。其原因是一种叫作"麸质不耐受症"的过敏反应。还有，虽然他进入了顶级球员的行列，观众却总能看到他在重要时刻暴露出自己脆弱的一面，这种状态一直持续着。

麸质是一种蛋白质，它多含于小麦、大麦以及黑麦等麦类当中。如果患有麸质不耐受症，摄取麸质就会引起慢性疲劳和偏头痛等症状。严重的情况下，还会感到眩晕、平衡感失常，据说更有甚者，还会诱发焦虑、抑郁等精神疾病。

因为面包、意大利面、拉面、乌冬面、炸物、啤酒等含有小麦、大麦、黑麦的料理中含有麸质，所以德约科维奇转变了自己原本的饮食习惯，变成了不摄取这些食物，也就是"不含麸质"的饮食习惯。

于是，这之后，他不再被身体不适所困扰，比赛水平也一直稳定在高水准上。之前所展现出的脆弱状态已经无影无踪，如今，他已经登上了坚如磐石的世界顶峰。2015 年，他获得了澳大利亚网球公开赛、温布尔顿网球锦标赛、美国网球公开赛 3 个大满贯的荣誉，即使是在强手如林的竞争者当中，他也展现出了高人一等的强大实力。

我不知道不含麸质的饮食生活是不是对所有人来说都是好的，但被慢性疲劳和偏头痛所困扰的人，也可以设定一个 3 周左右的期限，在这期间尽量避免摄入麸质。这之后，如果切实感到身体状况变好了的话，也可以考虑采取持续控制麸质摄入的生活方式。

在我的朋友当中，也有相当多的人说，自己因采取不含麸质的饮食方式而明显感到身体状况不同，这是事实。即使在很短的时间内，只要切实体验过一次这种身体状态上的差异，就会自然而然地去控制麸质的摄取。

实际上，非常喜欢拉面或啤酒的人是很多的，所以，我建议大家不要采用"完全不吃"这种极高难度的方式，而是要养成将麸质摄入减少 2/3 或 1/2 的习惯。在此基础上，也请大家把控制麸质摄入的时间定为两三周，试着去实际感觉一下身体上的不同。同时，这也是一种非常有利于减肥的习惯。

避免过度摄取碳水化合物的习惯

更进一步，我要跟大家说的是，关于碳水化合物整体的影响。

碳水化合物的成分中也含有刚才我说的麸质。砂糖、米饭、面包、蛋糕、曲奇等，在我们的饮食中频繁登场。而且，食用这些东西，特别是甜的东西，会让我们有一种难以形容的幸福感。这是因为，摄取这些东西会让你的大脑分泌出被称为"快乐荷尔蒙"的多巴胺。

吃饭会让你感到幸福，这是一件非常重要的事情。吃着蛋糕，我们会不知不觉地说出"啊，好幸福"，这也是这个时候多巴胺正在你脑内巡游的缘故。

而另一方面，人类原本就是贪婪的，一旦多巴胺被分泌出来，我们就会进入到"再多来点、再多来点"的状态。所以，当我们吃到蛋糕和曲奇，品味到快乐的时候，我们就会想"再多来点、再多来点"，从而吃得更多。就像这样，我们变成"戒不掉、停不下来"的状态，这并不是你的原因，而是多巴胺在作祟。

米饭、面包、意大利面等，我们在吃这些碳水化合物含量比较高的食物时也是一样。虽然可能有点过激，但其实这可以说是一种中毒状态。因为在这些碳水化合物里面含有一种具有常习性的"外啡肽"成分，所以我们往往在不知不觉之间，频频向它伸出手去。

那么，接下来就是问题所在了。什么情况下会过度摄取碳水化合物呢？正是由于碳水化合物具备"中毒性"和常习性，所以在我们意识不到的时候很容易摄取过度。喝完酒后作为收尾吃下的拉面，就是其中之一。

过度摄取糖分，首先会成为**肥胖**的原因。我们经常会在不知不觉间就去点大碗米饭、大份拉面，但如果一直如此的话，就会引起碳水化合物的过度摄取。

含有很高糖分的甜点也是如此，因为多巴胺和外啡肽的影响，容易让我们过度摄取甜点。而且，如果过度摄取常态化的话，它还会提高糖尿病、脑卒中等疾病的发病率。过度摄取糖分的恐怖之处，想必大家正感同身受吧。

更进一步说，一旦我们摄入了米、小麦、砂糖等东西的糖分，血糖值就会上升。顺便告诉大家，据说没有什么是比白砂糖、白米饭、白面包这些精制度高的食物更容易使血糖上升而营养价值又低的东西了。

血糖值如果急剧上升就糟糕了，为了把它降下来，叫作胰岛素的激素成分会被分泌出来。这是非常正常的生理现象。但是，如果过度摄取糖分，胰岛素的控制机能就很容易紊乱，造成胰岛素的过度分泌。

于是就会产生所谓的**低血糖状态**。进入低血糖状态，身体会出现倦怠、脱力感、哈欠只打一半、脑袋沉重等状况，其结果就是活力减退、集中力欠缺、思考力低下、失去对情绪的控制力且易怒。

这会给工作和学习带来显著的负面影响。而且，症状严重了的话，还会导致双眼无法聚焦、头部摇摆、晕眩，给日常生活带来障碍。

特别要注意甜的东西。甜的东西里面多含由蔗糖组成的白色砂糖。精制度高的蔗糖，会让血糖值急剧上升，诱发胰岛素过度分泌，这样一来又会使血糖值和体温急剧下降，从而带来短时间内的低血糖状态。

一般我们会说"疲惫的时候，吃点甜的就好了"，但过度食用甜食，反而会成为容易疲劳的元凶，还会制造饥饿感，所以又会成为过度摄取的原因。

控制糖分特别是甜食的摄取，使血糖值一整天都维持在稳定水平，这样的饮食习惯，与你身体状态和健康水平的提升密切相关。到现在为止我们很细碎地讲了很多，简单来说，**养成饮食好习惯，避免让自己进入低血糖状态**，就是所有建议的要点。

尤其是精制度高的、含蔗糖等白色碳水化合物的食物，大家一定要记得养成习惯，尽量不吃。

03 快乐节食的习惯

吃八分饱的习惯

在一日三餐中，基本上在工作过程中吃的饭，就是午饭。

我在这里要提议的是，午饭吃八分饱这样一个小小的习惯。

这个习惯，既能防止我们进入低血糖状态，也不容易引起下午的困意和倦怠感，所以，这对下午工作质量和效率的提升方面有很大的贡献。

顺便告诉大家，在我 3 个月瘦了 10 公斤的那段时期（如今已过了 3 年，一直到现在也没有反弹），为我减肥做出巨大贡献的，是节制午饭的量和不放油。那个时候，很长一段时期内，我都坚持用一个饭团和酸奶当午饭。这不仅有助于提升下午的工作效率和质量，还对减肥和节约午饭钱大有助益。（关于彼时的减肥方法，我详细地记录在了我所编著的《奇迹的想象式减肥》（蓝莲花出版社）一书中，这是一种发挥想象推动潜意识的减肥法。）

现代的饮食，可以说基本上是对糖类的摄取量急剧上升的饮食习惯。我完全无意把碳水化合物片面地归为坏东西。碳水化合物始终是人体所必需的营养素。

不过，过度摄取碳水化合物就会引发问题。像网球运动员德约科维奇的情况，需要非常克己地限制饮食。但如果不是这种情况的话，大家在不感到痛苦的程度养成节食习惯就可以了。

重要的是，当你吃着自己最爱的蛋糕的时候，你能充分地去享受它，使多巴胺大量分泌，尽情沉浸在幸福的心情中。也就是说，应该对吃食物本身没有任何罪恶感。然后，在你充分享受了之后，就要果断地停止那种无休无止地想"再多来点"的心态，控制过量的摄取。这才是最好的模式。

在本书中出现的成长激素

激素名称	主要作用	特征
多巴胺	使人感到快乐	分泌不足的话,会产生对任何事物都漠不关心的现象。另一方面,分泌过剩的话,会引起精神分裂症、厌食症等依赖症
血清素	使人感到幸福	控制多巴胺和去甲肾上腺素的分泌,从而取得心理平衡。分泌不足会使人很容易患抑郁症和失眠症等精神疾病
去甲肾上腺素	使人感到有干劲或者愤怒	分泌不足的话,会使人进入精力、热情低下的抑郁状态。分泌过剩的话,会引起易怒、焦躁、容易发火、精神亢奋的躁狂状态
褪黑激素	促进睡意	晒太阳 15 个小时后会被分泌出来。分泌不足的话,会引起失眠症等睡眠障碍。构成它的材料是血清素,所以如果血清素分泌不足,褪黑激素也会不足
睾酮	支配性的激素 社会性的激素	男性激素的一种。能够提高决断力和判断力,带来准确的商业判断。受到精神压力后会减少,一旦减少,患上内脏脂肪型肥胖症的风险就会升高
皮质醇	表现精神压力的程度	受到精神压力后分泌量就会上升,从而促进心跳数的增加和血压、血糖值的上升。因为它是蓄积型的激素,所以分泌过剩的话,要想回到正常值需要一定的时间

吃饭时从容品味的习惯

接下来,是有关一边享受、一边怀着幸福的感觉去用餐的话题。

也就是从容地品味眼前的饭菜，一边感受着它的美味一边去吃饭的习惯。

不要像扒拉饭一样匆忙地吃饭，而是要一边感受着它的美味一边去吃，通过这种行为，肠道会分泌出很多叫作血清素的荷尔蒙。众所周知，就像多巴胺被称为"快乐荷尔蒙"一样，血清素被叫作"幸福荷尔蒙"，它是能使人感到强烈幸福感的荷尔蒙。

血清素不仅在精神上给人带来巨大的影响，还能干预到人们身心的稳定和内心的平静。相反，如果体内血清素不足的话，人们就容易患上抑郁症和失眠症等精神疾患。血清素通过做轻度运动或进行日光浴被分泌出来。不过，当你的大脑产生"好美味"的感觉的时候，血清素也会被肠道大量分泌出来。

另外，感受着食物的美味、一边品味一边去吃，也与养成慢慢吃饭的习惯相关联。慢慢吃饭的时候，由于充分咀嚼，食物在口中这个阶段就会变得更加细碎。之后，变得细碎的食物会被唾液里所含有的酶素充分分解，然后再向胃部进发。如此一来，也就不会给胃部造成负担，能够促进消化，提高营养的吸收率。

同时，慢慢吃饭还能刺激大脑视丘下部的饱腹中枢，让你不必摄取大多食物也能获得足够的饱腹感。也就是说，慢慢吃饭甚至还有一个附加功能，能轻而易举地刺激饱腹中枢限制热量摄入，从而**促进减肥成果**。

至此，我们关于饮食的习惯已经讲了很多，它的要点却是老生常谈、习以为常的事情："食物是天赐的恩惠，我们要好好感谢这种恩惠；尽量自己做料理；在避免过度摄取的同时，一边慢慢享受品味、一边吃适量的食物。"这些众所周知的事情，在日常生活中却并没有被好好实践，这就是我们的现状。

如果把以上这些都习惯化的话，即使我们不刻意在减肥上花费时间和金钱，也能自然地保持匀称体型。每天踏踏实实地去实践这些看似平常的事，并把它们养成习惯，才是通往成功的最近道路。

04 提升大脑能力的运动习惯

接下来，是关于运动的习惯。

我们知道，为了保持生命的健康长寿，和饮食习惯一样，运动习惯也是非常重要的。但实际上，在每天忙碌的生活当中，也有很多人抽不出时间运动。

除了促进身体健康这个方面以外，运动对心理的影响也是不容忽视的。在有氧运动状态，人体更加容易分泌出"幸福荷尔蒙"血清素、"快乐荷尔蒙"多巴胺等，这些荷尔蒙会使心情变好。

血清素可以调节"快乐荷尔蒙"多巴胺和"掌控愤怒与干劲"的荷尔蒙去甲肾上腺素，它具有调整适应力和维持情绪平衡的作用。当我们内心平衡的时候，就会感到幸福并且情绪稳定。

一个更好的消息是，科学发现运动会促使大脑的神经元进行联结。

运动能促使脑内的海马干细胞中生长出新的神经元。换言之，**运动也有可能提升你的大脑能力。**

就像我在"走出舒适区的习惯"那一节所介绍的一样，当你想要向更新、更难的事情发起挑战的时候，信息就会通过突触被送往大脑神经元，神经元就会发生新的、强有力的联结。

组成神经元回路的原料是 BDNF（brain derived neurotrophic factors，脑源性神经营养因子）。血清素、去甲肾上腺素、多巴胺这些从脑内分泌出的荷尔蒙作为神经传导物质起到的作用是，充当神经元之间信号传导的润滑油。相对地，BDNF 则相当于制造出神经元回路本身的营养素。换言之，**BDNF 是提升大脑能力的基础，是构成大脑基础建设的要素。**

BDNF 还是这样一种营养素：即使是成年人，它也能让你的大脑能力持续提升。20 世纪 90 年代，关于 BDNF 的研究成为大热潮。

在尚未明确 BDNF 与运动之间的关系的时候，加利福尼亚大学欧文分校脑部衰老与老年痴呆研究所所长卡尔·科特曼，用老鼠进行了一项实验。

在这个实验中，他把老鼠分成两组。一组在自制的不锈钢笼物跑轮中奔跑，另一组则不使用跑轮。于是，使用跑轮持续运动的那一组老鼠的脑部，能看到 BDNF 明显增多。此外，这个实验还验证了一件事，持续奔跑距离越长的老鼠，BDNF 增殖量就越多。

然而，这个实验并不说明仅靠坚持跑步就能让大脑能力持续上升。BDNF 增加只不过是构建了一个基础，使神经元组成新的强有力的联结成为可能。

就像种植蔬菜，在土壤丰饶的基础上，我们也必须辛勤地耕作，花费工夫使土壤富含氧气，给予蔬菜必要的日照来养育它。同样，如果不能做到 BDNF 增加，也没有让已联结好了的神经元作为稳定回路进入固定流程的话，那么很可惜，它就不能变成脑细胞而是死去。那么，大脑能力也就无法提升了。

在有氧运动之后进行创造性工作的习惯

那么，怎么改变 BDNF 未变成脑细胞就死去的情况呢？

一种方法是，养成在有氧运动之后进行创造性工作的习惯。

在 2007 年进行的一项实验当中，研究人员将 40 位年龄在 50

岁到 64 岁之间的成年人分为两组。其中一组持续进行 35 分钟的有氧运动，强度控制在最大心率的 60% 至 70% 之间；而另一组则是用看电影等活动度过这段时间。

接着，这之后，研究人员让两组成员参加了创造性测验，结论表明，做有氧运动的一组回答问题的速度和对问题的认知力都显著上升。

这是因为，通过有氧运动，BDNF 增加了的同时，新的神经元联结也产生了，所以大脑的活性被激活，促进了这之后创造性工作的进行。

更进一步说，我们一般认为，在有氧运动中产生的新的神经元，会因为创造性的工作，而被牢牢固定下来。如果只是运动，好不容易产生的新神经元有可能在这之后就死去了，**而接下来进行的创造性工作，却让我们有办法把它作为新的脑细胞固定下来。**

在有氧运动之后要进行创造性的工作。欧美的很多行政官员，早上头一件事就是慢跑，这之后就着手进行创造性的工作。这种模式也是非常合理的。

还有一些其他的方法，行政官员们会这样做：把需要用到创造力的会议作为下午第一个工作，午休期间去做慢跑等有氧运动，然后再来开会。这种做法在提升了会议效率和质量的同时，对于提升大脑能力的效果也很可观。

进行需要复杂动作、需要平衡感的运动的习惯

另一种方法是，养成有氧运动之后，进行动作复杂或需要平衡感的运动的习惯。

在伊利诺伊大学的神经科学家威廉姆·格里诺的研究中，他把小白鼠分为两组，让其中一组只是单纯地持续奔跑，而让另一组持续进行像田径运动似的复杂的、需要保持平衡的运动。

其结果是，进行复杂的保持平衡运动的白鼠，脑内 BDNF 增加得更多了。复杂的动作和需要保持平衡的运动，在使神经元增长的同时，也使它的结合更加牢固。所以，做更加复杂的运动，可以增加新神经元的数量，强化它的联结，并促进它固定为脑细胞。

如上所述，在做了 20—30 分钟有氧运动之后，再做一些动作复杂的舞蹈、瑜伽，或者需要平衡能力的攀岩、平衡球等运动，就可以起到使新的脑细胞固定下来的效果。

已经在做这些复杂运动的各位，只要在它之前加上数十分钟

的有氧运动，大脑能力提升的效果就指日可待了。

还有一些需要复杂动作的活动，如钢琴、吉他、戏剧表演等，对乐器演奏感兴趣的各位，试着养成在演奏之前进行有氧运动的习惯，效果也是很好的。

运动 & 挑战的效果是？

就像前面所说的那样，神经元作为对新信息进行记忆的细胞的基础，运动会让它的联结增强，大脑能力也会得到提升。BDNF 在使神经元联结活跃的同时，还是有利于提升大脑能力的营养素。使具备如此功能的 BDNF 在脑内大量分泌，相当于"为神经元联结打下基础"的效果。

也就是说，**运动的习惯为我们创造了使神经元更容易联结的丰厚的基础。**

在之前的小节里，我们讲了走出舒适区的习惯、进行挑战的习惯。走出自己熟习的舒适区、进行挑战，也能激活神经元的联结。

我在这里想推荐给大家的做法是，首先通过养成运动习惯，创造一个让神经元更容易联结的基础，进而再养成走出舒适区的习惯、进行挑战的习惯，来更加强力地促进神经元的联结。

　　面临强大挑战时，反复尝试，一边试错一边摸索前行，最能促进神经元的联结。经过这些，你的大脑能力相比之前会发生差距悬殊的巨大飞跃。而大脑状态的良好基础对形成这种能力飞跃大有好处，所以，培养运动的习惯是一个非常合理的环节。

通过运动有效减肥的习惯

　　一提起运动，很多人对减肥这件事也很上心吧。众所周知，运动的时候，有氧运动能够消耗脂肪，起到瘦身的效果。

　　所谓有氧运动，就是力量强度不太大的持续作用于肌肉的运动，通过 20 分钟以上的慢跑、有氧健身操、缓慢游泳等运动，引起体内的脂肪燃烧。它的要点是，要持续进行负担不大的运动。如果运动强度大到伴随着痛苦的程度，你的呼吸会变浅，氧气供给不足，身体脂肪就不会发生燃烧。

　　相对地，肌肉力量训练和短距离冲刺跑等运动是无氧运动，它具有锻炼肌肉、提升基础代谢的效果。

　　基础代谢率在 20 多岁时到达巅峰，之后逐年下降。中年以后人会容易变胖，这就是原因之一。脂肪和肌肉二者之间，肌肉消耗能量比较大，所以通过无氧运动打造肌肉发达的身体，会提高基础代谢率。

　　因此，一边用无氧运动提升基础代谢量，一边用有氧运动燃烧脂肪，这才是最有效的减肥方法。

　　举例来说，如果做 1 个小时的运动的话，可以这样进行：

　　伸展运动 5 分钟—肌肉力量训练（无氧运动）10 分钟—慢跑、有氧健身操等有氧运动 40 分钟—伸展运动 5 分钟

　　我们可以把这种安排看作是有意识的减肥运动。

　　减肥运动的要点是，一开始先进行肌肉训练。

　　把肌肉训练放在最初进行，能消耗体内的糖分，而后进行有氧运动的时候，就能进入到更易消耗脂肪的状态。如果是以减肥为目的的话，请配合 20 分钟以上的有氧运动。

　　如果是以锻炼肌肉为目的的运动，就要增加肌肉力量训练时间的比例。这种情况下，伸展运动就成了关键点。**在肌肉力量训练之前进行伸展运动时，不要让肌肉过度伸展。**肌肉力量训练是对肌肉施加压力，使其收缩，从而对其进行锻炼的训练。因此，如果在伸展运动中过度拉伸肌肉的话，增强肌肉的效果就会变弱。

运动时，首先要从不过分拉伸肌肉的轻度热身动作开始，接着进行肌肉力量训练，之后再进行使肌肉充分伸展的拉伸运动，这才是最有效果的。

增加肌肉为目的的运动可以这样进行：

轻度准备运动 5 分钟—肌肉力量训练（无氧运动）25 分钟—伸展运动 5 分钟—慢跑、有氧健身操等有氧运动 20 分钟—伸展运动 5 分钟

用上面给出的方式进行运动，是非常有效的。**运动的次序是很重要的。**

05 最棒的生活改善方式——早起

关于睡眠的思考

下面，是睡眠的习惯。

据说，拥有良好睡眠的人，情绪稳定、疾病少、身体情况和皮肤的状态等也更加良好。通过改良睡眠习惯，人生的各个方面都会发生改善。

即使放在众多的习惯当中，早起的习惯依旧是荣登宝座的级别。把早起习惯化，能够让我们舒适地开始每一天，它与每一整天的充实密切相关。

就像我们在第 4 章中写到的那样，苹果公司的 CEO 蒂姆·库克、星巴克的 CEO 霍华德·舒尔茨，以及迪士尼的 CEO 罗伯特·艾格等人，这些给世界带来影响的超级商界大佬们都是凌晨 4 点左右起床的。

我们常说，清晨的 1 小时相当于白天 2 小时的效率。假使我们把 5 点到 7 点的这两个小时，用在工作或者创作活动上的话，那么在一年中，我们就有效利用了 2 小时 ×365=730 小时的时间。如果我们把这个时间的效率折算成白天时间的话，那么我们竟能得到相当于 1460 小时的庞大时间。

对于像 CEO 们那样，白天以分钟来计算工作时间的人来说，早上的这个时间用于运动、好好审视自己、整理想法、产生点子，是不可或缺的。

顺便告诉大家，一般来讲，使一项技能达到熟练使用的等级所需要的时间是：学会电脑要 60 小时，英语会话要 1000 小时。即使是不太会说英语的人，如果一年内把早上的 2 小时都用于练习英语会话的话，就相当于 1000 多个小时的价值。1 年后，他就会达到连商务英语都十分精通的等级。

我在 30 来岁之前完全不会说英语。用 TOEIC 来衡量的话，也就是 400 分左右的水平。我有这样一段经历：由于留学需要和时间紧迫，我主要使用早上的时间，在 3 个月内集中攻克英语，结果一下子飞跃到了托业 900 分的水平。对于必须使用英语来工作生活的人来说，如果能利用早上的时间，每天认真地攻克英语，几个月后是有可能到达相当高的水平的。最近也产生了在线英语会话这样方便的事物，推荐大家用它来进行每日练习。

另外，如果能早起晒晒太阳的话，还更容易养成早睡的睡眠模式。

早起晒太阳，能让脑内分泌出褪黑激素。褪黑激素是有助眠效果的荷尔蒙。褪黑激素具有一种神奇的特质：它会在沐浴日光后约 15 个小时后分泌出来。假使你早上 5 点钟起床，清晨晒到了太阳，15 个小时后的晚上 8 点你就会感到困倦。如果这个时间身体发出困倦的信号，那么自然而然地，上床休息的时间也会变早，也就更容易养成早起的习惯。（褪黑激素被分泌出来是在沐浴日光 15 个小时之后，这也许印证了对人类来说 8—9 个小时的睡眠时长是自然的。）

有一种说法是，晚上 8 点以后工作，相当于醉酒状态下工作的水平，效率是上午工作效率的数分之一。如果不是迫不得已，我建议大家避免在这样效率不高的时间段内工作，而是创造一个清晨工作的新模式。

还有，如果你是企业经营者，不建议 20 点以后继续让员工处于工作状态（餐饮等行业这个时间段是最赚钱的时间，需另当别论），更何况你还要为这个效率极其低下的时段支付加班津贴。即便从企业经营的投资回报比上来看，这也不能说是优秀的经营策略。

另外，就像各位女性所熟知的那样，促进肌肤再生的荷尔蒙的分泌时段，是晚上 10 点到凌晨 2 点左右。在这个时段内熟睡，能有效促进肌肤细胞再生，对于保持紧致水润的皮肤是最合适的。这不也是早睡早起的又一动机吗？

防止睡回笼觉的习惯

接下来，是**不再睡回笼觉的习惯**。

睡回笼觉在时间上是非常没有效率的。而且，如果用回笼觉来开始一天的生活，这种散漫的节奏就会持续一整天。难得的休息日就这样懒洋洋地度过，往往会不知道有没有好好享受过一天就过去了。在成功者之中，恐怕没有人会睡回笼觉吧。

关于最佳的睡眠时间，众说纷纭。而找到适合每个人的睡眠时间是很重要的。拿破仑和英国前首相玛格丽特·撒切尔有只睡3 个小时的逸事，然而据说爱因斯坦每天要睡 10 个小时以上。

还有，一朗选手每天要睡足 8 个小时也是非常有名的传闻；据说作家村上龙也要睡 8 个小时以上。不要再被"睡眠时间短 = 能干的人"这种没有根据的话牵着鼻子走，也是很重要的。

睡眠是由大脑机能处于活跃状态的快速眼动睡眠和大脑处于休止状态的非快速眼动睡眠构成的。据说，我们的睡眠模式是这二者反复进行的模式。两种模式交替出现构成的一个睡眠周期，大约是 90 分钟的时间。在睡眠较浅的快速眼动睡眠时起床的话会比较容易醒来，所以配合着它来设定起床时间会比较好。相反，如果在睡眠较深的非快速眼动睡眠时闹钟响了的话，我们就会觉得起床困难，这也成了要睡回笼觉的原因。

可以以一个睡眠周期 90 分钟为基准，以它的倍数来设定睡眠时间，也就是 3 小时、4 小时 30 分、6 小时、7 小时 30 分、9 小时，等等。我想，大家应该尝试一下以上的睡眠时长，找到对自己来说最容易醒来的时间，把这个睡眠时长设定为每天的睡眠时间是比较好的。如果能迎来一个痛快醒来的早晨，那么我们就不会再需要睡回笼觉了。

保持固定的睡眠时间是很重要的。然而，**起床的时间固定，**

在塑造生活节律方面，是更加重要的。

即便偶尔有作息被打乱的情况，也应尽量把波动控制在 1 小时以内。总是采取 12 点睡、6 点起的时长为 6 小时睡眠的人，如果偶尔有深夜 2 点钟才睡的日子，我想，最好就采取 90 分钟的倍数、时长为 4 小时 30 分钟的睡眠，把闹钟拨到 6 点 30 分。

习惯养成了之后，临睡的时候就不会再沉迷于网上冲浪而熬夜了，而是能够一边遵循睡眠时长为 90 分钟倍数的规律，一边塑造生活节律了。

到了休息日，我们就会不知不觉地比平时更想要晚起，然而，如果**不睡回笼觉**，而是与半时同样时间起床的话，**人的整个状态就会变得昂扬**。如果以这样的心情去养成习惯的话，也更容易引起积极的连锁和波及效果。

而且，请大家也要养成醒来之后立即打开窗帘，尽情沐浴阳光的习惯。如果能一边沐浴阳光，一边散步的话，那就最棒了。

关于我刚才说的这些话，虽然标题上写的只是"不再睡回笼觉的习惯"，但其实它是让你在最适合自己的睡眠时间上好好休息、塑造生活节律的习惯，这是睡眠习惯的重中之重。

小睡的习惯

南欧的人们自古就有中午小睡的习惯。这并不是因为拉丁语系的人们天性自由才有的习惯，而是午睡是很恰当合理的存在。

据说每天只睡 3 个小时的拿破仑和撒切尔夫人，也会利用诸如在路上的时间，多次进行 15 分钟左右的小睡。实际上，午睡是需要拉上窗帘使房间变暗、在床上好好躺下的非常正式的睡眠。但是，如果没有这样的条件，养成轻松随便地小睡的习惯也是可以的。

吃完午饭之后感到困倦的人并不少见。一部分原因是用餐后，血液全部集中到了胃里。而更主要的原因是叫作近半日节律的东西：人类的活动以半日为一个周期，中午这个时间很自然地会感到困意。因此，有很多人都会有这样的切实感受：下午的工作效率会猛地一落千丈。

我们知道，中午这段时间，**如果小睡 15—20 分钟的话，下午的工作效率就会提升 60% 以上。**由于下午工作效率上升，工作质量也就提高了，加班时间也会减少，下班后的私人时间也可以安排得更充实了。另外，对于会计等案头工作比较多的岗位来说，午睡对于困倦引起的疏忽性错误的对治效果也不容忽视。

　　假如我是一个拥有许多员工的公司管理者，我会把午睡制度引入公司。因为我切实感受到了它的效果和好处。

　　在我曾经工作过的李维斯公司的旧金山总公司里，有很宽敞的午睡室。现如今，以美国西海岸为中心，很多公司都设有午睡室，或者鼓励午睡。午睡的价值，最近在日本商界也逐渐地被广泛认识到，但实际上会去午睡的人也还是少数派。

　　另外，在睡眠期间，脑内处理情报的高级机能会开始工作。当你因为工作而要创造出一个点子的时候，如果你在小睡之前温习一下关于这项工作的情报，然后再进入小睡的话，有时在你醒来的时候，点子就会形成并显现出来了。

　　这是应用了广告公司董事詹姆斯·W.扬在 50 多年前所写的畅销书《生产意念的技巧》上所载的方法，是一个驱使潜意识力量的优秀的创意生成方法。通过潜意识，大脑做着像超级电脑一样的工作，在睡眠期间进行着极快速的数据分析，把最好的结论以创新的形式为我们呈现出来。俗话说的"灵光一闪"就是这样发生的。以硅谷为中心，美国的很多尖端企业，都会为了创意生成而切实有效地落实小睡制度。

　　那么，让我们把小睡控制在 30 分钟之内吧，因为如果睡得更久的话，夜里就有可能睡不着。相比于躺下睡觉，在沙发上睡或者放下车子座椅的椅背来睡会更容易醒来。

据说**大脑处理的信息有八成都是视觉信息**。不太能睡着的各位，就闭上眼睛把视觉信息关在外面，即使只放松几分钟的时间，也能提升大脑休息的效果。

对于在公司工作的各位来说，也许你们对在办公室小睡还是有罪恶感的。然而，小睡的习惯也有很多好处，比如让你的工作效率显著提升等。"因为效果很好，所以如果大家都不这样做的话，自己小睡一下反而是个良机"，你可以这样做心理建设，大大方方地从自己做起，再影响周围的同事。易于小睡的椅子和适合小睡的周边产品现在市面上有很多，不妨试用一下这些产品。

06 利用身体姿势改变心理状态

姿势造就心情

接下来，我要说的是身体的姿势与心理的关系。

体育赛事当中，痛失一场比赛之后，面对因受挫而垂头丧气的选手们，领队和教练经常会传达这样一种信息，那就是，"抬起头，你们已经打得很好了！坦坦荡荡地挺起胸膛抬起头！"

这是相当感人的场面。

实际上在这个场面当中，教练和领队做了非常恰当的指导。虽说大家已经全力以赴了，但结果上的失败却是事实。队员们因垂头丧气而总是低着头是自然的反应，连带着心情也会变得低落。不知不觉之间，他们会去探究失败的原因，认为这个原因与自己有关，感到自己负有责任，心情就会更加低落。我想，陷入这种思维模式的人，不在少数。

然而，试想一下，选手们为了这个比赛是一路拼命练习过来的。虽然比赛也许不能说是完美，但也发挥出了之前的训练所得，应该为这样的自己感到骄傲。虽说输了，但也可以肯定自己为比赛付出的努力。但如果一直低着头的话，就很难产生认可自己的心情。

是的，这就是姿势的问题。

这是在生理学上被证明了的事情，**姿势造就心情**。

因此，教练和领队所说的"挺起胸膛抬起头！"是一种很好的促使选手们认可一直努力的自己、为自己感到骄傲的话语。

实际来做做看吧。

请大家一边视线向下看、驼着背，一边试着将心情调整为稍微有点低落。

是不是自然而然地就沉浸在低落的心情中了？

接着，请大家一边挺起胸膛、抬起视线、稍微向上看，仍然保持低落的心情。

会有什么感受呢?

这次和之前感觉不同了吧?

用这种姿势就很难持续陷入低落的心情吧?

那么, 这次反过来, 请大家一边视线向下、驼着背, 一边试着感受振奋、喜悦和清爽的心情。

这一定也很难。

再次挺起胸膛、抬起视线、稍微向上看, 保持振奋昂扬的心情, 怎么样呢?

我想大家都能猜到, 这次会自然而然地全身洋溢着神清气爽的感觉。

是的, 身体**姿势会给心理状态带来巨大的影响**。

仅仅两分钟, 不同姿势带来的差异

在哈佛商学院任教的社会心理学家艾米·卡迪教授, 一直在强调姿势和身体语言(非言语和行动)的重要性。

因为姿势和身体语言带来的并不只是给人的印象, 对自身心理状态也有莫大影响。

在她的某项实验中，被试者被随机分为两组，她让第一组摆出"高能量姿势"，即有自信的人经常采取的姿势，保持两分钟。高能量姿势是，站立时两手叉腰，像哼哈二将一样双腿略分开站立；或者坐在椅子边上时，身体一边向后靠，同时双臂大大张开的姿势。不管是哪一种，都是身体充分打开、视线自然向上的姿势。

另一方面，她让另一组做两分钟"低能量姿势"，也就是经常没自信的人会采取的姿势。低能量姿势是，为了保护自己免受伤害而采取的显得惴惴不安的姿势，身体紧闭、用上臂遮盖住胸部区域的姿势，视线有向下看的倾向。

实验中我们知道了这样的结论，仅仅两分钟的姿势的不同，就给脑内的两种荷尔蒙带来了巨大影响。一种是体现支配能力的荷尔蒙睾酮，另一种是表现压力程度的荷尔蒙皮质醇。

顺便一提，据说能够发挥优秀领导能力的领导，是具有高睾酮值和低皮质醇值的，也就是处于支配性高、压力小的状态。

首先，睾酮的数值在保持了两分钟高能量姿势的一组，平均上升了20%，在采取低能量姿势的那一组，减少了10%。也就是说，采取高能量姿势的人支配感上升了，而采取低能量姿势的人的支配感下降了。

此外，皮质醇的数值在保持了两分钟高能量姿势的一组，平均减少 25%，在采取低能量姿势的那一组，反而上升了 15%。也就是说，采取高能量姿势的人的压力感减轻了，采取低能量姿势的人的压力感加重了。

仅仅两分钟，只是采取了不同的姿势，就产生了这样明显的差异。

由此，我们都能想象，伴随巨大压力的人，往往难有平静、舒展的神态，经常呈现出蜷曲、紧闭的身体姿态。然而，**实际上这种姿势本身，也会成为压力感更加严重的原因。**

"要保持良好的姿势"，我想很多人都是一路接受着这种教育。特别是在武道、花道、茶道等领域，跟随师父学习日本这些独特的"道"的人，从始至终都会被反复提醒要采取挺直脊背的姿势，因此形成习惯的人也很多。一般认为，挺直脊背能带来与高能量姿势一样的效果。端正挺拔的姿势，让你强烈地感受到身体核心稳定的同时，也会促进大脑荷尔蒙的分泌，所以很容易打造出有自信的心理状态和具有抗压能力的状态。

我有 10 年以上在外企工作的经历。于是，我有这样一个印象，在进行演讲的时候，用英语来演讲要比用日语来得心情舒畅。以我的英语水平而言，像这样的演讲我只能做到勉强熟练的程度，绝不能像母语那样流畅。但即便如此，我仍然不知为何地喜欢用英语演讲。

我记得过去的同事经常这样说我："比起用日语演讲，你用英语演讲的时候更大方，要好得多。"我试着回想了一下，我在用英语进行演讲的时候，会模仿外国上司和同事的做法，使用更为夸张的身体语言。

我采用了和说日语时截然不同的姿势和动作来演讲，比如大大张开双手的姿势、很有自信地在听者面前叉开腿站立等（英语这种语言，很适合夸张的身体姿势）。

有了这样的经验后，当我了解到卡迪教授的研究结论时，非常认同。从那以后，我说日语的时候也同样采用大幅度的动作和高能量姿势，并将其养成习惯。比起让自己的形象看起来更加大方，让脑内的睾酮值上升、皮质醇值下降是更重要的目的。

这是我亲身的体会。自从将采用高能量姿势作为习惯开始，我做企业培训讲师的过程当中，觉得自己进入所谓的"心流状态"的次数变多了。而且，我也切实地感觉到，一旦进入了这种状态，能获得连自己都感到吃惊的成果。

如何养成采用高能量姿势的习惯呢？

那么，如何将高能量姿势习惯化呢？

需要注意的是，在某些场合下，高能量姿势也是一种稍显大大咧咧、容易给人失礼印象的姿势。所以，在商务谈判等场合，也许有人对太过夸张的动作感到抵触。

因此，如果你在工作或者其他活动中，有一些迫使你紧张，或让你感到压力很大的情况，我建议你养成用高能量姿势来为这些场面做准备的习惯。

在与重要的客户商谈之前、在演讲之前、面试之前……我们还可以列举出各种各样的类似场景。除此之外，由于每个人都不同，也会有人感到早上到公司时和上司、同事打招呼，也是非常有压力的场景。首先，在进入这样的场面之前，试着养成先保持两分钟高能量姿势的习惯。它和橄榄球运动员五郎丸开球前必须摆出一个特定姿势一样，可以称为"例行动作"。

工作时以及在外活动时，找到两分钟完全能避开周围人目光的时间是非常困难的。不妨在没人使用的会议室甚至公共卫生间里，都可以成为你进行准备工作的地方。对要采用的高能量姿势也要多多尝试，找到最适合自己的高能量姿势才是重要的事。

仅仅需要两分钟时间的投资，还是十分有尝试的价值的。

Column5 用电脑工作时抬高视线的习惯

高能量姿势的关键要素之一，就是"抬高视线"。

试着观察一下一天的工作之中，有多少时间是视线向上抬的呢？

视线向下的时间反倒是相当多吧？

是的，其中最典型的就是面对电脑屏幕的时间。某些行业中，一天中大部分时间都需要花费在用电脑工作上。

我在这里的建议是，抬高电脑屏幕的位置，从而抬高工作时的视线。

做不到视线抬高到超过平视的程度也没有关系，只要不向下就行，当你的视线与显示器画面中心是平行的就足够了。用台式机的时候，准备一个合适的台子，把显示器放在上面；在使用笔记本电脑时，可以用一种能把笔记本电脑摊开到最大角度，从纵向固定住笔记本电脑的用品，较小的投资即可获得良好的体验。

> 抬高电脑屏幕从而抬高视线，不仅能对心理产生积极影响，还有减轻眼睛和身体疲劳的作用，是一举两得的事。稍微调整一下工作环境，就能自然而然地养成抬高视线的习惯，可以说是一个毫不费力就能做到的事情了。

Check lists

· 每周做几次料理的习惯，能调整身体状况和提升大脑能力。

· 避免过度摄取碳水化合物的习惯，能够使血糖值稳定，也能有助于减肥。

· 有氧运动之后进行创造性工作的习惯，大脑能力会得到提升。

· 把无氧运动和有氧运动混合起来做的运动习惯，有利于有效减肥。

· 早起的习惯是好习惯之最。

· 小睡的习惯，会让下午的工作效率显著提升。

· 用高能量姿势作为例行动作的习惯，能让你在谈判和演讲中变得更强大。

改变人生的习惯养成法

改善沟通的习惯

01 沟通左右着人生

在第 6 章里面，我们聊了对你来说最适合"成为开关的习惯"的选项。在第 6 章里介绍的习惯，都是有关工作、健康管理等仅与自己个人相关的习惯。而在第 7 章当中，我要告诉给大家的是与他人相关的重要习惯：沟通的习惯和心灵的习惯。

不过，要改变沟通的习惯和心灵的习惯，在习惯化进程中属于难度比较高的，所以，你首先在与工作和身体有关的习惯中养成一个成为开关的习惯，将它作为习惯固定下来之后，再进行本章的内容会比较好。

沟通的习惯和心灵的习惯，会给你的人生带来巨大的颠覆。**它们是有可能从根本上改变你人生的习惯**。如果我们能将第 6 章里有关工作、身体的新的好习惯巩固到"去行动"的阶段，那么通过这个习惯的波及效果，沟通的习惯和心灵的习惯就更容易养成。

世界上最著名的人生导师——卡尔·克林顿、乔治·索罗斯、Lady Gaga 等许多杰出人士都是他的客户——安东尼·罗宾斯曾这样说道：

"**沟通的质量左右着人生的质量**。(The quality of your life is the quality of your communication.)"

我有过在 3 家世界领先的美国企业里工作的经历。在公司内部进行调查，问到企业经营领域的问题时发现，不管在哪个企业，最关键的一点就是"内部沟通"。

套用安东尼·罗宾斯的语气，可以总结为这样一句话："**内部沟通的质量，决定着企业经营活动的质量**。"

哈佛商学院教授克莱顿·克里斯坦森因其著作《创新者的窘境》而闻名。从他的研究中，我们也能知道：从业务部门员工到顶头上司，再到高层管理者，这种纵向沟通的灵活程度，成为一个公司能否成为创新性企业的关键。作为一个企业，能否有创新，取决于来自一线的优秀创意能否被直接、高效地传达到决策层。

关于沟通的最大误会是？

沟通如此被重视的原因之一，就是大部分人对沟通的前提有着巨大的误会。

那就是认为"自己头脑中的世界，和对方头脑中的世界大致差不多"。但实际上，每个人都有属于自己的独特信念和价值观，每个人都各不相同。所以从根本上来说，与自己一模一样地看待世界的人，应该是没有的。

但是，一旦我们把精力集中在想向对方传达、想给对方施加影响上的时候，就容易不知不觉忘了这个前提。因此，我们往往不能采取恰当的沟通方式，沟通和理解起来并不顺利，有时甚至产生感情上的龃龉。这些都与人际关系恶化紧密相连。

相反地，如果养成了良好的沟通习惯，无论是一对一沟通，还是一对多沟通，都不再是难点。良好的沟通习惯会产生相互理解的、有共鸣的深厚感情，促进协作关系，事情也就能不断推进下去了。

02 人们烦恼的根源

如何改善人际关系

"所有的烦恼都是与他人的关系的烦恼。"

这是与弗洛伊德、荣格同时代的心理学家、心理治疗师阿尔弗雷德·阿德勒的名言。很多问题即使乍一看与人际关系无关，追根溯源后其实也是人际关系上的烦恼。

实际上，在心理指导的过程中也会发现这样的规律。例如，最开始客户说出的是"为如何提升业绩而烦恼"，但仔仔细细倾听他的诉说之后，发现其根本问题是和上司之间的人际关系。像这样的情况实在是很多。

沟通不恰当的时候，对对方错误的执念和怀疑就会产生，偏见又会激发偏见，人际关系不断恶化下去。如果其中一方不通过恰当的沟通把恶性循环斩断，最终结果就是关系会恶化到难以收拾的地步。

另外，**据说在工作中，人们辞职的大部分原因，都在于人际关系**。如果人际关系良好，就更加容易形成斗志昂扬的气氛，团队内部和不同部门之间的协作也进展良好，企业运行的质量和效率都会上升，录用新员工、处理人事调动的巨大成本也就减轻了。

家庭内部的烦恼与问题，根本原因是夫妇间的关系，以及父母与孩子之间的关系。如果这些人际关系非常良好，其他问题，例如物质上的问题等，也会自然而然地趋向解决。

在阿德勒心理学中，**归属需求**在人类的基本需求中占有一席之地。所谓的归属需求，就是**"在集团中找到自己的位置"**。不管是在家庭、学校、公司、社区，人们作为集体的一员，都有想被认可、被接受的需求，这个需求是非常强烈的。而沟通质量的好坏与归属感需求是否能得到满足紧密相关。

如果沟通进行得好的话，我们与他人的关系就会变好，对于周围集体（例如公司、家庭）的归属意识也会增加，归属需求也会得到满足。当身处于归属意识高的集体中的时候，人类的做事动机会提升，对周围人的贡献意识也会提高。相反，当这种归属需求没有以恰当的形式被满足的时候，我们要么会作为这个集体中不合时宜的存在继续待在那里，要么会下定离开这个集体的决心。

接下来，我主要以工作上的沟通习惯为例来进行介绍。虽然以上司的立场来举的例子更多，但接下来的内容，是对于所有人来说都非常重要的沟通习惯。请大家对照着自己现在的习惯来阅读吧。

03 倾听很重要

作为改善人际关系的沟通习惯，我决定首先来讲一讲**倾听的习惯**。

倾听，也是我与企业的各位员工进行沟通培训的时候，最先要传达给大家的东西。因为它确实重要到了这个程度。

说起沟通的时候，很多人都容易觉得"会说话"是很重要的。确实，会说话是再好不过的了。而另一方面，即使你不太会说话，沟通也能达成，但如果你不善于倾听的话，沟通达成的可能性就无限小了。

倾听很重要，其中一个原因在于**"自己头脑中的世界和对方头脑中的世界是不同的"**。这也是因为每个人各自的信念和价值观不同。能否把自己从"我们头脑里的世界都相同"的执念里解放出来，能在多大程度上看到对方脑海中的世界，直接关系到沟通的质量。只是单纯的会说话，是无法探索到对方脑海中的世界的。它的关键在于倾听的习惯。

另一个原因在于人类的本质："**人最喜欢自己，接下来是喜欢能理解自己的人。**"人类终究还是最在意自己。即使是和朋友一起拍照片，人们最先关注的还是自己拍下来的样子。根据情况不同，有时也会关注中意的异性或者自己的孩子，但在绝大多数案例中，人们都会去寻找自己的身影。

基本上，作为一个人来说，最在意自己是极其自然的事。于是，**因为人类最在意自己，所以会对理解自己的人、想要理解自己的人抱有好感**。

理解自己的人，未必就是会说话的人。实际上，人们会把好好听自己说话、能产生共鸣的人，看作是理解自己的人。这样，人际关系就会变好，产生人际关系纽带的契机也就能形成了。

倾听的技巧与它的本质是？

要站在对方的立场，要换成对方的心情，这是和沟通相关的、经常被说到的一句话。在商务场合，也经常会有"试着站在客户的立场上考虑"的说法。但是，我们从经验上也知道，不是那么容易就能站在对方的立场上的。

那么，该怎么办才好呢？

我想大家是不是都已经知道了？是的，就是要接近对方脑海中的世界。**无论如何也不能站在对方的立场上，是因为让你可以站在对方立场上的信息还远远不够。**所以你总也无法想象对方的世界。因此，好好倾听，为了更正确地了解到对方脑海中的世界而进行恰当的提问，通过这些做法，你就能接近对方所想所感的本质。这样一米，马上就能收集到合适的信息，让你能够顺利地站在对方立场上思考问题。所以，把站在对方立场上的习惯和倾听的习惯配套起来思考，是不是更好呢？

让我来介绍一下倾听技巧的基本知识吧。

①制造让对方容易讲话的氛围

沟通是一种共同的工作，想要理解对方，也要让对方有加深对你的理解的心情。为了加深相互理解，制造一个易于讲话的氛围是很重要的。如果能通过表情、态度等创造出一个能够安心交谈的氛围，那么就能产生良性反应了。

在进入正题之前，就共同话题暂且闲聊一会儿，对这种氛围的形成是很有帮助的。另外，为了让对方感知到你想听的态度，我推荐大家可以采用稍微探出身去的姿势制造良好的沟通氛围。

②笑容

笑容，是只有人类才拥有的、世界共通而且最强的沟通方式。在人际关系当中，是否有笑容，会使方向发生很大改变。在这个意义上，笑容也是构筑起良好人际关系的必需的工具。

③点头、随声附和

点头、随声附和等，是一种让说话者感到"自己的话被接受了"的倾听技巧。相反，如果听者没有这一类的动作的话，说话者会感到不安，或者没有了说话的兴致。

这只是一些很简单的话，就像"嗯嗯""然后呢""是这样的啊""喔"之类的。但是，通过配合说话者的节奏，就能把有利于接近对方脑海中世界的话引出来。

④重复的技巧（鹦鹉学舌）

提到鹦鹉学舌，也许有人会有稍微消极一点的联想，然而很意外的，这却是一种关键的倾听技巧。

如果能养成好好使用这个技巧的习惯，说话者对你的信赖感，就会从"他在听我倾诉"发展到"他很懂我"的级别。但这不仅是单纯的鹦鹉学舌，为了让它能发挥作为倾听技巧的效果，重复的时候所包含的真心实意才是重点。

举例来说，当你听到"这个时候真是很艰难"的时候，如果你只是淡淡地重复"真是很艰难呢"，就有可能会破坏对方的心情。而另一方面，如果在这句话里深深地饱含共鸣之情，来自对方的信赖感就会大幅度地提升。

⑤对对方的话抱有兴趣

因为对对方的话抱有兴趣，所以自然而然就会产生有助于探索对方脑海中世界的问题。另外，对对方的话感兴趣的态度，会通过动作举止、目光移动、姿势等非言语的沟通方式表现出来。人类，本来就是感觉敏锐的动物，能够感知到这些没有通过语言传达出来的信息，从而读取到对方的心情态度。

⑥不要打断对方的话

对方还没有说完，你就紧跟着接上了相关的话题，这会大大削减对方交谈的意愿。这是在倾听这一点上最不能做的事情之一。虽然我也理解你想要说点自己的话题的心情，但如果能暂且在听完对方想要传达的事以后再说，沟通就会更有效率。

如上所述，倾听的基本要点绝对不难，是只要意识到了谁都能够做到的事。不过，意外地做不到"基本要点"的情况也是实际存在的。请大家做一次试试看，试着确认一下听别人说话时自己的习惯。

例如缺少点头、随声附和等动作，在本应该好好倾听的时间点打断对方，不知不觉间开始自说自话等，每个人都有各自不同的习惯。对这些违背倾听基本要点的习惯抱有坚决改之的态度也是很重要的。

另外，还有一个要注意的事情是，我们**"总能做到吗"**？

在一天全部的对话当中，我们在多大的比例上能够实行这些基本要点呢？心情好的时候能做到，但是忙起来的时候，心情稍有不顺的时候等，不知不觉间我们就没了笑容，随声附和也消失了，往往就会变得只是沉默地听着对方的话。但是，如果我们好好地养成了习惯，那么即便是这种状态的时候，我们也能自然地做到倾听的基本要点。

即使是在心情不舒畅的时候，也能在无意识当中展开笑容或者随声附和，这个级别就是已经习惯化了的级别了。

如果你眼前有能做到这件事的人，你会是什么感觉呢？这个习惯的养成，在人际关系构筑方面，会成为了不得的财富。

还有一件更重要的事："你的意识是什么样的状态？"

在交谈的时候，你的意识是集中于自己的吗？还是把意识都集中在对方身上呢？如果你的意识是集中于自己自身的话，那么上面所写的倾听的基本技巧就会变得敷衍马虎，有的时候就很容易做出抢了对方话头之类的事情。另一方面，如果把意识都集中在对方身上，倾听的基本技巧就能顺利地施行，而且，有助于探索对方脑海中世界的问题也会自然而然地出现。**倾听能否做得好，技巧固然很重要，然而就像我所说的，你的意识、面对沟通时的态度才是最重要的。**

听人说话时的习惯，是你经过长年累月养成的东西。如果各位感觉有必要加以修正的话，请首先试着从"知道"到"能做到"这个阶段开始，有意识地坚持下去吧。

这个倾听的习惯，必定会成为你强大的武器。无论是作为商务人士、作为朋友还是作为父母，这个习惯一定会让你在相应圈子中的人际关系变得更加多样化。

Column6 中层管理者的困境

作为人才培养和组织开发的顾问，每当我遇到与企业各方面相关的问题时，在绝大多数的案例中我都会让他们作为课题来探讨的，就是关于管理层的培养。用职务来说的话，就是如何培养像主管、总监这些"在实际业务部门工作的管理层"的管理能力。

这些在实际业务部门工作的各位管理人士，在很多情况下，都是作为实际工作者被认可了能力和业绩，从而被赋予了管理几个人的管理职位的。也就是说，他们是这个业务部门的专业人士。经常发生的情况是，当他们作为业务部门的专业人士的时候，周围的人看着他们都觉得熠熠生辉，他们本人也斗志昂扬，然而当他们拥有了管理职位之后，总觉得看起来有些失去了光辉，积极性也急剧下降。

这种事经常发生在这种情况下：上级没有确认这个人是否准备好了成为管理层，仅凭他在业务部门的业绩就把他晋升了。于是，一旦就任了这个职位，他们作为管理层无法很好地协调部下，也不知道如何是好。

这是几乎在所有企业都会发生的事情。

无法协调好部下的主要原因是，他们在对于管理或领导职责还没有确切理解的时候，就不得不去干管理工作。还有，无法进行能消除与部下之间隔阂的沟通，也是主要的理由。

这样一来，新晋管理者们就会极力避免感到棘手的管理工作，而把时间用在拿手的业务方面。因为这样工作起来比较愉快，而且也能维持自己的自尊心。

但是，这样一来，管理的部分就会不断被疏忽，团队就会土崩瓦解。这特别容易发生在 IT 相关的行业，以及制造业等从业人员匠人气质浓厚的工种上。

另一方面，一提到管理，我们往往会想到必须去读一些复杂的管理学书籍，或者非得去国内外的管理学校学习。但是，作为实际业务部门的管理人员还不需要做到这个程度。在与团队成员接触时注意意识的集中方向、试着改变自己的沟通习惯，首先从这些方面开始就可以了。

04 养成承认对方的习惯

从这里开始我要介绍的，也是沟通的基本中的基本。本来所谓基本，就是凝聚了最重要事情的东西。因此，从这里开始我想要传达的，也可以说是沟通中最重要的东西了吧。

那就是，**承认对方的习惯**。

正因为是基本中的基本，所以才如此深奥的，就是这个承认的习惯。同时，把能干的人和干不好的人截然分开的，也是这个习惯。这一个习惯，就已经是足以写出数本书的题目了。

实际上，我在做公司员工的时代，就有着这种痛切的回忆：对各位部下，没有以承认的习惯去与他们接触。我是典型的判断错误的类型：没有承认每一个人，而是只想着用上司职位的权力去管理团队。因此，我没能与部下构筑起相互信赖的关系，团队一直处于干劲缺乏的状态。

相反，如果上司好好养成承认的习惯，不但能加深相互信赖，还能激发出部下的潜力，团队的动力也能发挥出来。

所谓承认，就是认可对方。认可对方的行动、对方的成果、对方的能力、对方的价值观，以及对方的存在本身。

关于承认，首先很重要的一点是，**要好好观察对方**。如果你是上司的话，要从平时开始就仔细观察部下。部下的言语举动、部下的行为、部下拿出的成果、周围人对他的印象，等等。仔细观察后，你就会有所发现，然后你就能向部下传达你想要传达的事情。

在传达的时候，**要好好传达出事实**。这是帮助你承认对方的一个程序。

这在养育孩子和夫妻关系等一切其他的人际关系中也同样适用。

如果上司从平时就有意识地好好观察部下的话，就能自然而然地说出像下面例子这样承认对方的评语了。

"你在给老主顾的提案上真是费了不少力啊。"

"提案时的资料制作方法上你动了不少脑筋啊。"

"看到你不放弃的态度，我也受到了激励啊。"

"你一直辅助周围的人，真是帮了我不少忙。"

就像这样，一些恰到好处的承认的话语，会让对方心中产生这样的情感："他有认真关注着我呢。"这样的沟通不断累积，就能建立起相互的信赖关系。为此，从平时起就对部下的事"认真观察"，是比什么都重要的。

而另一方面，**承认与表扬是不同的**。因为表扬当中伴随着评价，也就是说，其中掺入了"好与坏"的概念。加入了评价，就会产生有效评价和无效评价两种情况。

尤其是在面对能干的部下时，如果带着控制对方的意图去表扬他的话，结果反而会丧失对方的信任。能干的人希望别人表扬自己的点都是非常精确的，如果没有抓住这一点而采用了别的表扬方法的话，反而会导致"不是那样啊，他完全不懂嘛"的结果。

能不能做好承认他人这件事，并不是技巧的问题，**它的关键点在于不断探索想要承认对方哪个要点的心态**。仔细观察，如果自然而然出现了想要传达给对方的事情，就把事实传达给他。只要能好好做到这些就够了。

如果你有想要搞好关系的部下的话，最初的时候，请试着坚持有意识地进行承认对方的流程，每天一点点就可以。不久，你应该就能发现自己不用有意识地去做，也能向对方说出认可的话语了。

马上回复信息的习惯

在这里，我向大家介绍两个和承认相关的习惯。

第一个是，**马上回复信息的习惯**。

在一个企业当中工作，每天会收到成山的大量信息。其中，也有老客户发来的信息和重要度高的信息。在这种情况下，你将如何处理各位部下发来的信息呢？我想，也会有总是晚点再回复的人吧。对于这样的人，我向你们推荐的是，马上回复信息的习惯。

没有必要认真仔细地去回复，只要回一个"信息收到，详细的回复过后另发"这样的信息就可以了。

只需如此，对方就能够确认信息的内容已经传达给你了，在安心的同时，也能增加一种"他总是能好好接收到我的信息，总是把我放在心上"的信赖感。

停下手头的事，采取听别人说话的态度的习惯

还有一个是，当部下来报告、联络、商量事情的时候，**暂且放下手头的事，采取听别人说话的态度的习惯**。

经常发生的情况是，部下为了商量事情特意来到上司的办公桌前，而上司却一边看着电脑上的画面，或者一边读着文件一边来应对。虽然理解上司的忙碌，但是这样做的话，对方就会觉得"比起我说的话，还是用这个电脑工作更重要啊"。这样一来，你给对方的承认感就会荡然无存。特别是女性，她们的特质更适合进行多线程工作，所以更容易有这样做的倾向。

本人自以为正在认真听部下讲话，部下却觉得"他根本没好好听我的话啊"。

如果部下来到了自己这里，就要暂时停下手头的事，微微探出身去，表现出"我要好好听你说话"的态度和姿势。这样一来，通过对他的认真倾听，**部下心中的被承认感就会提高，具有信赖感的人际关系就得以构筑起来**。

而在你非常繁忙、无论如何都无法应对的时候，只要这样清楚地传达出来就可以了："感谢你的报告，但是很对不起，现在没法和你说话，过几分钟后再过来可以吗？"

05 以目的论来思考的习惯

如何区别使用"为什么"提问的场合

接着，是我经常向企业培训的参加者传达的一个非常重要的事情，叫作"用目的论来思考的习惯"。

丰田公司持有这样一项方法，为了追究事情发生的原因，他们的做法是要问 5 次"为什么"。原副社长大野耐一先生在著作《丰田生产方式》中说过这样的话："面对一个现象，你有没有尝试问过 5 次'为什么'？"这就是这种习惯的开端。

据说，丰田公司彻底执行这个方法，直到它成为了习惯。这是能够深入到问题的真正原因、防止问题再次发生的非常优秀的方法。在工作上很能干的人，往往已经养成了问"为什么"的习惯。因此，一旦发生问题，他们在无意识的层面上就会开始思考起这个"为什么"。

在这里，请试着假想一个你把资料数据输入错了的场景。

你知道这份资料现在已经交到了相关人员手中，正在以此为基础进行工作。你必须马上向上司报告，于是，你跑到上司那里。

下面，请你把自己当作这个部下，请看下面的对话。

你："对不起，某某文件输入错误，给各方面都带来了麻烦。"

上司："是否采取了把影响控制在最小限度的措施？"

你："已经采取了。"

上司："那么，**为什么**会发生这种事？"

你："因为是下午的工作，所以也许稍微有点注意力不集中。"

上司："下午注意力容易不集中你也是知道的吧，**为什么没有采取措施解决呢**？"

你："为了不犯困已经喝了咖啡了。"

上司："就这种程度就够了吗？**为什么没有更彻底地采取对策呢**？"

你："我本以为这样工作就没问题的……"

上司："结果不是犯了错吗？你**为什么**要用这种态度来做工作呢？"

你："我没有用敷衍的态度工作。"

上司："那么，你**为什么**没能好好设想一下犯错给周围的人带来的麻烦？如果你能这样想，那你应该就能更慎重地推进业务了。"

你："……"

看了这个对话你是什么样的感觉呢？

对于防止再次发生错误有了干劲了？那是不可能的吧。倒不如说，你会觉得有·种被质问了的感觉，从 4 个角落被追起逼迫的感觉，这才是这个对话所传达的。

虽然有反省的心情，但是随着这个对话的发展，你在产生防卫本能的同时，工作动力也在不断下降。上司那一边，也是带着防止再次犯错的意图才重复问"为什么"。但是，如果问了 5 次之多，**就会成为对对方的人格否定了**，哪里还谈得上防止错误再次发生呢？

然而，以公司和家庭为首，在这世界上到处都在进行着与此相近的对话，这就是现状。

那么，究竟为什么这种对话会产生不良的结果呢？

慎重起见，我要说一下，这个故事绝不是在否定丰田问 5 次"为什么"的做法。丰田的 5 次"为什么"，是足以向世界夸耀的优秀习惯。只不过，**这个对话搞错了这 5 次"为什么"的使用场合罢了。**

原本，这 5 次"为什么"是为了探究清楚机械或系统状况不佳的真正问题，同时也是为了防止再次发生而产生的思考方式。**对人使用它，就是错误的根源所在。**

把本来应该用在"为什么这个部件会产生金属疲劳？"上的东西，用在了"为什么你做了这种事？"上面，就会产生错误。

本来"为什么？"就是一个非常尖锐的问题。因此，如果反复对人使用，就会变成质问的状态。于是，被问到的一方，立刻就会因为防卫本能而加强心理的防御，反而难以说出真话。因此，就会淡化沟通交流中被承认的感觉、共鸣的感觉，导致相互疏远的结果。对上司和父母而言，这很难说是最好的交流。

而另一个方面，在工作中，被认为非常重要的一个能力就是发现和解决问题的能力。"为什么？"作为有助于发现问题的最佳工具经常被使用。工作上很能干的人和学过逻辑思考的人，会养成使用这个问题的习惯。所以，**越是在工作上能干的人，越是会频繁地使用"为什么"发问。**于是，也就会有人把这个问题同样不断地使用在部下犯错误的时候。

实际上，我见过很多这样的事情：一些在商学院练过逻辑学的 MBA 被提拔成为新任管理层时，他们就会经常这样做，从而使自己和部下的关系恶化。这个时候，往往会发生上述的那种沟通，很遗憾，人际关系的崩溃就由此发生。

改变视线的集中点

那么，该怎么办才好呢？在这里，"**改变视线集中点**"也是解决之道。

"为什么"是用来追究原因的问题。所谓追究原因，说明你的视线仍然集中于过去，从而探究现在所发生的事的原因，也就是反复挖掘过去的质问。如果对人进行这种行为，说得难听一点，这就变成了"寻找犯人"。因此，人们才会筑起心防、绷起神经。

如果在这里试着改变一下视线的集中点会怎么样呢？

把视线集中点从过去转变到未来。因为你想要的是防止再次发生、使未来变得更好。把视线集中在未来，那么"为什么"这个问题会变成什么呢？是的，会变成"怎么办"这个问题。用英文来说的话，就是从 Why 变成了 How。在这里，我们把先前那个例子转变成使用"怎么办"来试试看吧。

这次也请你把自己当作犯了错的部下来试着读读看。

你："对不起，某某文件输入错误，给各方面都带来了麻烦。"

上司："已经采取了把影响控制在最小限度的措施了吗？"

你："已经做了。"

上司："OK。那么你觉得今后要怎么办才好呢？"

你："因为下午注意力会不集中，所以我想尽量在上午做。"

上司："其他还要怎么办呢？"

你："我想要某君协助我，双重把关怎么样？"

上司："嗯，听起来不错，有什么我能帮你的吗？"

你："请求某君协助的事能拜托您吗？"

上司："好的，知道了。"

怎么样？站在犯了错、今后必须改正的立场上，听了这段对话，你是什么样的心情呢？同时，与先前的对话相比，防止再发生的概率哪个看起来比较高呢？

我想，恐怕你已经从被问"为什么"时自我防卫的感觉，变成这次想要更自主地解决问题了吧。

我们把这种"怎么办"的思考方式，称作**以目的论来思考**。这是阿尔弗雷德·阿德勒提倡的思考方式，与弗洛伊德和荣格提倡的原因论形成两个相反的极端。

相较而言，弗洛伊德和荣格心理学中的很多案例，都是以精神上受到伤害的人为对象的，作为对应的疗法，他们就会采用治疗心理阴影的原因论。这是找到存在于过去的心理阴影等原因，从而进行治疗的做法，的确是能发现问题、解决问题的手法。

而另一方面，比较来看的话，阿德勒所提倡的心理学更多的以精神上没有疾病的人为对象。在这种情况下，"怎么办"这种追求未来可能性的目的论的方法是更合适的。

在某个生产制造厂的公司里，以前曾频繁地以原因论来追究人为的问题。"为什么这么干！"像这种降低人们工作热情的沟通交流方式随处可见。因为具有匠人气质的技术人员比较多，所以自然而然地就把"为什么"这种质问方式，扩展应用到处理人的问题上了。

我接到这个公司社长的直接委托，在企业培训的时候，我让这个公司的很多人都体验了一把养成**以目的论来思考的习惯**的流程。大家一开始的时候还有些困惑，但在反复实践演习的过程中，大家都深刻感觉到，目的论确实是他们所需要的视线集中点。

很快，在公司内这种目的论成了一种口号，大家开始热烈地采用"怎么办"这种开拓未来的沟通方式。结果，上司与部下的人际关系、社员的工作热情，都明显开始向好的方向发展。负责人也说，公司内的氛围开始变得明朗起来，它已经成为一个能够进行自由豁达的沟通的公司了。

此外，一旦我在企业培训等场合说到这个话题，就会收到这样的疑问："如果不问为什么，人就追究不了原因了怎么办？"我很能理解这种担忧的心情。这是因为大家的工作头脑一旦不去追究原因就会产生不安。

这个话题不仅限于大人，就连小孩子也会自发地追究原因，积极地思考解决方案。

大家不用担心。在你提出"怎么办"这个问题的时候，对方就已经开始按自己的方式去追究原因了。并且，他是以追究原因得到的信息为基础，导出未来的解决方案的。

如果你所属的公司或者集团，就像这个公司一样，变得拥有了以目的论来思考问题的习惯的话，你会在什么样的氛围中致力于每天的工作呢？这个用目的论来思考的习惯，首先试着从你自身做起怎么样？

另外，养成这个习惯还有另一个好处是：**它在潜意识的层面**

让你向前看，你会变成一个积极的人。你将会变成这样一种人：不总是纠结于过去，而是拥有关于未来的充满活力的思想，同时能够为了实现它而不断前进。

阿德勒关于目的论的教诲，此后在企业、教育领域、育儿等方方面面都会变成更加受到关注的思考方式。那是因为，阿德勒心理学的主要目的就在于培养对人的自立来讲最重要的**自主决定性**。

Check Lists

· 沟通质量的大幅度提升来自倾听的习惯。

· 要承认对方，首先要仔细观察对方。

· 承认和表扬不一样。

· 承认的习惯，是有助于提高沟通质量的最基本的习惯。

· 马上回复信息的习惯，会让你对部下的承认力得到提高。

· 暂且停下手头的事，采取听人说话的态度的习惯，能够加深信赖关系。

· 越是在工作上能干的人，越容易陷入原因论。

· 以目的论来思考的习惯，能让你变得更加积极，变成具有更高自我决定性的人。

滋养心灵的习惯

01 金钱在多大程度上影响着幸福感

那么，接下来让我们处理一下有关于心灵的习惯。

心态，会使得你看待世界的方式也发生变化。相反，"如何看待世界"这一点如果发生了改变，你心灵的状态也会有很大不同。

我在这里要介绍的也是这样一种习惯：它能够提高抗压能力（柔韧而坚强的心灵力量），这是活在当代的人们所必须重视的。如果抗压能力提高了的话，我们就能有韧性地、强有力地抗过那些压力大、精神疲劳严重的环境，以自己的方式生机勃勃地大显身手。生活在被叫作心灵时代的 21 世纪，有很多东西我都一定想要让大家知道，于是写下了这内容丰富的最后一章。

我想，正把这本书拿在手里的各位读者中，应该有很多都是出生在已经非常富足的时代的人。

高度经济成长期以来，我们拥有了相当富足的生活。然而，在受困于衣食住的人已经几乎消失了的如今，**生活的充实感和幸福感，与这种物质上的富足是否成比例呢？**

在一部纪录片中，采访者在纽约曼哈顿街头提出了这样的问题："幸福需要什么？"结果，几乎所有人都回答道："要变成有钱人。"虽然这也有曼哈顿当地风俗民情的原因，但好像很多人都根深蒂固地认为：变成有钱人→物质上变富足→变得幸福。

另一方面，在《送给寻找幸福的你》这部电影中的一个美国调查显示出这样的数据：物质富足和社会地位为幸福感做出的贡献，还不到 10%。

年收入 75000 美元以上的幸福度

另外，根据 2002 年获得诺贝尔经济学奖的普林斯顿大学的丹尼尔·卡尼曼教授以及 2015 年获得经济学奖的安格斯·迪顿教授的研究，当家庭年收入在 75000 美元（900 万日元左右）以下的时候，收入的提升和幸福感的提升是成比例的，与之相对，超过这个数字后，这个倾向就消失了。当时（2008 年）美国的平均收入是 71500 美元，也就是说，在到达平均收入值附近之前，收入提升与幸福感成正比，一旦超过这个数字，金钱对于幸福感的影响就基本上消失了。

还有，在某项调查中，我们得到了这样的报告：生活在没有自来水、电力、煤气的坦桑尼亚游牧民和美国大富豪的幸福程度并没有太大的不同。对于人来说，某种程度上物质的富足是必要的，然而我们应该可以这样说，**物质上的丰富程度并不是幸福感主要的决定因素**。

02 使心灵安定的习惯

难以表达的对未来的不安和焦躁感，也许任何人的心中某处都会有这样的东西。反过来说，没有这种东西的人相当少见。作为一个处理数千人心理问题的心理教练和讲师，这是我所能断言的。

其中，最麻烦的是那些"漫无头绪"的部分。也就是说，**不知道这种不安的真面目是什么**。这和游乐园的鬼屋是一样的，如果提前知道里面有什么，恐怖感就减半了，正因为不知道有什么所以才可怕。

这种漫无头绪的不安，是典型的现代病。过去，人们在确保食材、生火做饭以及一些微不足道的日常活动上花费了大量的劳力和相当长的时间。意识集中在这些日常事务上的时间，应该是压倒性地长。而另一方面，现在人们在这些事情上是不用花费时间和劳力的。如果去购物中心或者超市买东西，几乎什么都能弄到手。而且，到处都是只要按一个家电按钮就能解决的事。

也就是说，近来，可供大家思考额外的事情的时间格外地多了起来。

人类，一旦开始想额外的事情就糟糕了。**因为人类，原本就是拥有这样一种性质的生物：如果放任不管的话，人们不会把事情往好处想，而是容易产生不必要的担心。**这种倾向不断升级，人们就会一步步陷入不安的状态中。甚至还有个案会发展到产生虚无感和无价值感的程度。

过去，是一个如果不直接动手、行动，就无法生存下去的时代，也没有去思考不必要的事情的富余精力。与之相对，在能够吃饱喝足的现代，**过分富足也成为使心理问题多发的一个原因。**

正因为有这样的背景，所以我在传达给大家身体和运动习惯的同时，也想要把使心灵安定、帮助你拥有强大内心的习惯告诉给大家。

在这里，成为关键点的是"精神压力"。认真埋头于工作，的确是很重要的，然而过分努力，积攒下了精神压力，就会成为给心灵和身体带来巨大障碍的主要因素。特别是，**越努力的人越**

察觉不到精神压力。于是，就在你还没有察觉的时候，精神压力就一点点进入到了你的内心深处。

还有，据说人们生病的大半原因，都是这种精神压力。人生是一场漫长的奔跑。减轻漫无头绪的不安和精神压力，以健全安定的心理状态，心情良好地一直跑下去，养成这样的心灵习惯会对人生起到巨大的作用。

看法改变世界

人生有顺遂的时期，也有痛苦的时期，工作有顺利的时期，也有并非如此的时期。人在各种各样的情况下，会产生各式各样的情感，这些都会对内心造成影响。

在这种情况下，要怎么做才能安定心灵、消解不安、减轻精神压力呢？去旅行或者做一些休闲娱乐等，适度地歇口气？当然，这也是很重要的。通过这些活动，能够"释放"精神压力，所以能让你恢复良好状态。不过，在你歇口气、释放过后，当你回归到真实的现状中去，你又会变回同样的心理状态，这就是现实。因此，在平时的生活中，养成使心灵安定的习惯，才是有效地解决根本问题的对策。

在考虑心灵的习惯时，比起"现状是什么样的"，"如何看待现状"更加重要，之后我会详细地给大家讲述，这件事真的很重要。

例如，即使在同公司同部门工作，既有对公司和部门不停表达不满的人，也有与同事关系良好、看起来很开心地工作着的人。发生了同样的事，既有积极地去看待的人，也有消极地去看待的人。为什么会产生这种差异呢？

很大一点在于，不同的人对于周围环境和发生的事情的**看待方法是不同的**。我们如何看待事物、如何认识事物，也就是说，**即使发生的事情相同，根据认知的方法不同，所产生的感情也会发生变化。**

这就变成认知心理学这个领域的话题了。例如，认为"世上好事多"的人和认为"世上坏事多"的人，即使眼前发生同样的事，所产生的情感也是不同的。即使世上很萧条，认为好事多的人，也会更容易保持明快的心情。

另一方面，认为坏事多的人，自然而然心情就会变得更晦暗了吧。这样的人，即使是在繁荣的时候，都会特意去找到一些悲观的点，让自己的心情变得晦暗。

有一个很好地说明了这个构造的模型。这就是 20 世纪 90 年代中期，美国的心理治疗师阿尔伯特·艾利斯所提倡的 ABC 理论的模型。

A：Activating event（发生的事）

B：Belief（信念、价值观）

C：Consequence（结果）

A（Activating event）是发生的事件；B（Belief）是这个人抱有的信念或固定概念，也就是对事物的习惯性看法；C（Consequence）是由此而引发的情感或感受到的世界观。

用刚才的例子来讲，发生的事件（A）是"萧条"；信念或价值观（B）是"世上好事多"；结果引起的感情（C）是"但是很幸福（玫瑰色）"。

这个时候的 B，是即使身处萧条之中，也能创造出精神压力小的信念和价值观。

用另一方的例子来讲的话，发生的事件（A）是同样的"萧条"；信念或价值观（B）是"世上坏事多"；结果引发的感情（C）是"果然是灰色的"。

这个案例的精神压力程度看起来相当之高，无法想象他会有干劲或者良好的精神状态。

人的情绪或感情，会被发生的事实所影响，然而自己所抱有的信念和价值观，才是更强的决定要素。换言之，我们可以这样说：**自己的情绪或感情，是由自身看待事物的方法所造就的**。这是比周围的影响大得多的力量。

你的情感变成这样的理由是？为了更真实地感受到这一点，我们来看看工作场景中的例子吧。可能的话，请大家暂时彻底成为下面故事中的登场人物，试着感受一下这种情感。

假设你是一名公司职员，现在正在召开一个决定你们公司新方针的重要会议。会议上正在讨论有关营业战略、产品和服务提供方式等各种各样的议题。

你是新广告方案的提案负责人。你要在众人面前发表反复研究过的创意。这两天你都没有正经睡过觉。因为太过紧张，你觉得嗓子发干，强烈地感觉到心脏怦怦直跳。而另一方面，你对自己提出的创意很有自信。这是一份进行过周密的市场调查、在准确把握了顾客感受的基础上形成的提案。你感觉你的发表演讲正在顺利进行中。就在这时，突然，一个没太交流过的其他部门的同事举手发言了。

"这个广告具体能产生什么样的成效，现在一个都没有明确地告诉我们。"

那么，你现在涌上来了一种什么样的感情呢？我试着举几个有可能产生的感情。

① "别开玩笑了，你这个其他部门的人懂什么。"

② "难办了，要是没有其他举手的人就好了，可是……"

③ "被指出了最大的问题，他是在认真听我说呢。"

④ "确实如此啊，如果把这点再明确一下就会成为更好的提案了。"

当你发表演讲时遭到了其他部门的人的质疑，你所产生的情绪，和以上哪一种相近呢？即使在同样状况下，反应也是因人而异的。

①的情况下，存在于你感情中的是"愤怒"。

造成这种愤怒的思维和价值观是多种多样的。通常包括"说反对意见的人就是对我有敌意的人""对努力做这件事的人，首先应该采取尊重的态度"，等等。我们可以认为这里存在着引发负面情绪的思想和价值观。

②的情况下，存在于你感情中的是"焦虑"。

一般认为，造成焦虑的思想和价值观是"完美很重要""一旦失败了就无法补救了"，诸如此类。这是相当多的人，尤其是相当多的日本人所持有的观念。暂且不管这种价值观的好坏，它也是容易引起负面感情的东西，这一点是肯定的。

③的情况下，存在于你感情中的是**"喜悦"**。

也许会有人觉得难以置信，但是在这种情况下，存在于你心底的正是这种喜悦。一般认为，带来这种喜悦的信念、价值观是"工作使人快乐""正是因为直言不讳，事情才能有所进展"，等等。

④的情况下，存在于你感情中的是**"感谢"**。

一般认为，造成感谢的思想、价值观是"得到各方意见是很宝贵的""正是因为人是不完美的，所以才要相互帮助"等。

我想，除此以外还有很多种类型，即使体验了相同的事情，根据信念和价值观持有者的不同，既有人会产生负面情绪，也有人会产生丰富的情感。

如果你是引发负面情绪的①和②的类型，那么你的精神压力值会上升，而且，你会变成针锋相对的情绪状态。因此，以那位发言者为首，你与周围人也有可能产生负面的冲突。

另一方面，如果你是③和④的类型，那么精神压力就不太会上升了吧。因为拥有丰富的情感，所以与周围的关系也自然而然地会变好。此外，在世界上，属于①和②的类型的人占大多数，所以③和④类型的人的反应，在周围人看起来也是物以稀为贵，好感度也会因此而上升。

①和②类型的人也许会觉得有③和④这种类型的人简直不可置信。又或者也许会觉得："勉强自己这样想又能怎么样？"这是因为他们被①或②的信念和价值观深深浸染了，所以会这样想也是理所应当的。③和④的类型也许是少数派，但在这些人看起来，反而会难以理解为什么会变得像①和②那么消极。

那么，在这里我想采取这样的叫法：像①和②这样容易引起负面情绪的认知方式（信念和价值观）叫作**"消极的看法"**；像③和④这样容易产生丰富情感的认知方式叫作**"积极的看法"**。

在这种情况下的积极，就是为了开创人生采取积极的看法。所谓消极则是相反。消极的看法，有这样的特征：带有很多悲观观点，又基于对周围及世间常识的片面认识（封闭性），表现出对自己及周围人的信任淡薄，尤其是缺少对未来的乐观。

消极的看法是非建设性的。而且，消极的看法最大的特征在于"只关注自己"。自己要做得顺利、想要保住自己的面子等，意识只集中在自己身上。

另一方面，积极的看法是乐观的、具有柔软性的、对自身和周围人有信任感、对未来抱有乐观态度的。积极的看法是一种非常有建设性的认知方式。而且，积极的看法最大的特征在于"也关注自己之外的东西"。

比起觉得自己在会议上不体面、丢了人，他们的意识更多地集中在"为了自己周围的人和公司，要把这个企划以更好的形式实现出来"这一点上。因此，对于来自其他部门的发言，虽然多少觉得有点不舒服，但他们不会把它当作批评，而是当作为了让方案更优秀的意见而诚挚地接受下来吧。

如何控制潜意识中的执念？

话虽如此，但是在①和②的人来看，也许会想说："虽然你这么说，但我已经形成了这种认知方式，不就是什么办法都没有了吗！""一般人们都会这么想的嘛"，等等。在这里请大家想一想在本书中已经说了很多次的一个重要前提。

那就是"信念和价值观，是由至今为止的经验产生的，并不是与生俱来的"。通过塑造心灵的习惯，信念和价值观是可以变成你更加希望的样子的。

因为这些消极的看法并不是与生俱来的，而是后天形成的，所以我们也可以后天地改造它。很重要的一点是，你要首先好好认识到"信念和价值观，与事实是不同的"。这些不论是好是坏，都属于执念。也就是说，**如何控制潜意识中的执念（信念、价值观），才是使心灵安定、在日常层面上减轻精神压力的关键所在**。

和"现状是什么样的"相比，"如何看待现状"更加重要的意义就在于此。"如果社会变成这样的话""要是那个人再改变一点的话""如果身边的人能有这样的想法的话"等，不管是谁，都很容易产生这样的心思。然而，想要改变环境、改变对方是很困难的一件事。这是因为在我们控制以外的事情太多了。因此，**首先试着从自己能做到的事情着手**。那就是，向着让事情更加顺利进展的方向积极地改变我们的认知方式、思考方式。

03 采取积极看法的习惯

试着询问自己

心灵的习惯是这样一种东西：通过培养，它能自然产生具有丰富情感的信念和价值观，来减轻你每天的精神压力，使你对人际关系和未来更加乐观。那么究竟该怎么做呢？关键点就在于这个问题："这种思考方式、认知方式是积极的吗？"

如果发生了某件事，你产生了很多自己不希望出现的情绪，这个时候你就要确认一下你所抱有的信念和价值观是什么。请按照下面的做法来确认它是否积极。

· 这种看法，对于把人生变得更好来说，是积极的吗？

· 这种看法，是建设性的吗？

· 在采取这种看法的时候，你的意识是只关注自己的吗？

试着提出这样的疑问，你就能知道自己所抱有的信念和价值观的真面目了。接着，如果你认为改变它才是上策的话，那么接下来你就要用自己的意志去改变它了。

举个例子，假设你是先前①的情况，你知道了心中的消极看法是"说反对意见的人，就是对自己有敌意的人"。这是一种很容易制造敌对关系的认知方式，很难说是建设性的，也不能说是对打造更好的人生有积极作用。而且，其中具有不想好好理解对方发言本质的片面观念，只关注自己。因此，很难认为这种信念和价值观能产生丰富的情感。

在这里非常重要的是，**你是选择就这样置之不理，还是选择把它变成积极的认知方式。**

接着，做出了选择之后，也不要觉得此前采取①那种看法的自己是不好的。这十分重要。如果一直自我批评，就会停步不前；觉得至今为止采取那种看法的自己也是 OK 的，有助于改变自己的勇气就会从心底涌现出来。

下一个重要的事情是，绝不要想让它有急剧的转变。

　　例如，如果想要把"说反对意见的人，都是对自己有敌意的人"一下子转变成"说反对意见的人，都是应该去喜爱的人"，这就太勉强了，会马上受挫，变得讨厌这种做法。

　　这个时候，你只要从这个程度开始就可以了："说反对言论的人的意见有时也是可以参考的。""能听到反对言论，就能变成下次的对策。"即使只是这个程度，你意识的关注点也已经相当地面向外部世界了，要踏踏实实地把它作为习惯固定下来。

　　就像这样，首先从自我控制有所成效的地方一点点开始。然后慢慢接受影响，很快就会迎来让你感到对方、周围人、环境都在发生改变的那一天。

04 改变对可见事物看法的习惯

至此，我们说了关于心中的信念、价值观这种不可见的东西。从这里开始，我们来聊一聊关于"改变对眼见事物的看法的习惯"吧。

有一个词叫作"改变形象"。当有位女性果断地剪去了多年长发，变成短发的时候，周围人对这个人的印象就会发生很大改变。平时穿衣服不修边幅的人，很整齐地穿了一身正式套装的时候也是如此。就像这样，改变眼前所见的事物，形象也会完全改变。

我们经常会在脑海中进行想象。当我们回忆起过去在旅行中有良好印象的地方时，也会在脑海中对当时当地的体验进行想象。例如，在对夏威夷海滨的回忆中，有美丽的蓝色大海、白色沙滩、椰子树、遮阳伞等，当我们回忆起这些的时候，脑海中就会进行想象。

那么，在这里很重要的一点是：**你脑海中的想象，和你的感情是相联结的。**

你对喜欢的人的容颜和身姿的想象，是与积极的情感联系在一起的。相反，对讨厌的人的容颜和身姿的想象，是与你消极的情感联系在一起的。只是想起这些印象，你就会产生或幸福或嫌恶的情绪。

在这里，有效的方法是，**改变眼前所见事物的形象**。由于眼前所见事物的形象发生了改变，所产生的情感也就会发生变化（这叫作改变次感元）。

如果把恐怖的上司替换成鹦鹉的话

从事金融方面工作的客户 A 先生是个很有能力的人，同事们对他也相当信任，然而他却烦恼于与上司的关系不好。听了详情，原来是这位上司丝毫不管他的情况如何，不断地给他分派工作。再加上在他自己的工作之外，他还不得不屡屡去帮助那些不熟练的同事干完他们没做完的工作。

　　这样那样地加起来，他每天都在加班。从某种意义上来说，也可以说这正是能者多劳。据说即使在这种情况下，Ａ 先生也无法拒绝上司的工作委托。这是因为，他觉得这位上司可怕得不得了。这位上司总是不高兴，在职场上也会显露激烈的情绪。他和 Ａ 先生说话的时候也是，总像是在瞪着 Ａ 先生说话一样，据说有时还会使用很强势的口吻。

　　我："面对那位上司的时候你是什么样的心情？"

　　Ａ 先生："反正就是很恐怖。因为不知道他会说出什么话来，有时还会突然发起脾气来。"

　　我："身体上的感觉呢？"

　　Ａ 先生："快要缩起来的感觉，心脏扑通扑通跳。"

　　我："也许有点让人不舒服，但是请你试着想象一下现在、就在这个瞬间，他就在你面前。同时，请逼真地想象一下正在你面前的他的样子、表情，等等。"

　　Ａ 先生："真是张可怕的脸。非常让人不舒服，我觉得都要出冷汗了。"

　　我："我问一个有点奇怪的问题，这位上司跟什么很像呢？看起来像什么似的？"

Ａ先生："……嗯，鹦鹉吧。"

我："很好。请把这位上司想成鹦鹉，只是把脸想成鹦鹉也可以。"

我："它是什么颜色的？有什么样的冠子？"

Ａ先生："哈……黄色和绿色奇怪地混在一起，冠子蔫蔫的。"

我："重新想一想，这样的鹦鹉在你面前你是什么心情？"

Ａ先生："一想到鹦鹉，觉得稍微有点好笑。"

我："这只鹦鹉发怒了，变成了强势的口吻，会怎么样呢？"

Ａ先生："啊，总归是只鹦鹉，不太明白它在说些什么，不管它就行了吧。"

我："以后当你面对那位上司的时候，试着带着对这只鹦鹉的印象。你能用鹦鹉在说话的感觉去应对他吗？"

Ａ先生："我能啊。这太好了，心情也变轻松了，我去试试。"

这样一来，对可怕上司的脸这一可见事物的印象，就被替换成了对鹦鹉的印象。据说，Ａ先生在这之后，和这位上司对话的时候不再感到恐惧和胆怯，同时，想要缩起来、心脏扑通扑通跳的身体反应也消失了。身体反应发生了变化，就说明潜意识的程序已经被改写了。

而且，他还说道，他已经能够委婉地拒绝那些不想接受的、或者一旦接受就有可能连续好几天加班的工作委托了。因此，A先生在职场上的精神压力值也减轻了很多。

这是一个把害怕的对象在脑海中的印象以独特的方式进行转变的例子。这一构造是这样的：只要让鹦鹉的脸有一次逼真地显现在脑海之中，即使真正的上司站在面前的时候，这个印象也会附着在真正的上司的脸上，你就不会感到恐惧或者胆怯了。改变对眼见事物的看法，让脑海中拥有其他的印象，你所产生的感情就会完全不同。

顺带说一下后续，据说这段时间这位上司由于个人的原因受了伤，就没有再用怀有恶意、不通融、不愉快的态度待人了。据说那个时候他听 A 先生说以前曾经害怕他到不敢搭话的程度，这还变成了两个人之间很怀念的笑话。两个人的关系已经好到了这个程度呢。

想象眼前的人最棒的笑脸的习惯

在这里，我来告诉大家一个应用这个效果的万能的习惯吧。对于与很多人建立良好的人际关系而言，这个习惯起到了很大作用，所以请大家一定要参考一下。这就是，**想象眼前的人最棒的笑脸的习惯**。

做了企业培训的讲师，就会时常看到不情愿地来参加培训的人。培训刚开始的时候，他们完全是以懒散的感觉出现在会场里，一副嫌麻烦的样子坐在座位上，一脸苦相，态度很傲慢，完全不是想要利用接下来的这一天学习点重要东西的态度。凭经验，像这种态度的人我一眼就能看穿。

我在这个时候不会觉得"来了个讨厌的人呀"，而是会想象"他在工作上或者私人生活上是不是有了什么不称心、不顺利的事"。

同时，我还会试着去想象，**这个人展现最棒笑脸的瞬间，是什么样的瞬间呢？而且，他最棒的笑脸，是什么样的呢？**

虽然今天，在这个场合他是一脸苦相，但这个人在至今为止的人生中，应该也有过展现最棒笑脸的瞬间吧。并且，我认为之后也应该还会有这样的时刻。就像这样，试着改变对眼见事物的看法，在脑海中想象对方最棒的笑脸。于是，我也就能自然地展露出笑容，能够与对方非常自然地搭话了。

就这样，也许对方也能感知到以这种心态去搭话的人所释放出的氛围吧，我们知道，在对话的过程中，他的态度就会变得越来越柔软。于是，就在培训了数十分钟之后，他就会变成一个非常积极的参与者了。

有趣的是这样一个事实，一旦这样的人参与态度发生了转变，他们对培训整体的贡献就会比一般人更多。原本不平不满比较多的人，想要变好的心愿却比别人加倍的强呢。

养成这样的习惯，当然可以应用在平常的人际关系中，而我特别推荐给从事商业或者服务业的人士。即使眼前的客人是一张臭脸，想一想"这个人展现最棒笑脸的瞬间是什么样的瞬间呢"，想象一下"这个时候他会展现出什么样的笑脸呢"，试着考虑一下"为此我能做些什么呢"。

养成经常进行这种想象的习惯，你的待人接物能力就会显著地上升吧。这个习惯也是这样，在刚开始的时候不要对周围的人全都使用，我建议大家试着从不用太勉强也能做到的人开始做起。

05 试着旁观自己的习惯

在最后我要介绍的是，试着旁观自己的习惯。

这也许和这种感觉有点相近吧：一旦你登上高楼遍览下方，就会感到自己所思所想是如此渺小。而这种习惯就是要让你从外部去审视自身，从而**把发生的事件（事实）和你的执念分离开**。

当我们苦于某种烦恼时所抱有的执念，会让我们的视野变得狭小，弱化探索可能性的推进力，增加我们的精神压力。可以说这就像走进了一个死胡同。人在不知不觉间进入了死胡同，有时就不再希望摆脱它了。

而另一方面，以我作为心理教练的经验而言，深陷迷惘当中，认为自己很难摆脱它的人，其实也能意外地顺利摆脱出来。要从死胡同里走出来，很重要的一点就是，**你要抱有旁观者的意识**。

当你完全陷入烦恼、苦闷、执念当中的时候，这种执念往往会被你当作事实来看待。你还会产生对发生的事情自以为是的偏见。以人际关系来说的话，你会觉得"那家伙肯定是这么想的"，从而对身边的人都感到不信任。因此，你需要暂时冷静一下，**把事实和这种执念分离开来**。

在此，请你试着回忆一下朋友、认识的人找你倾诉烦恼时的经历吧。

由于倾诉者本人深陷于执念当中，所以心事重重、情感混乱。而另一方面，你却可以冷静地审视整体，所以能够区别开这个人的执念和所发生的事实，也很明确地知道解决方法。这就是旁观者的意识状态。

然而，现实就是，一到自己头上，就很难对自己采取旁观者的意识。人是分类型的，对于当事者意识比旁观者意识强的类型的人（这种人也拥有集中力高的特征）来说，平时想要变成旁观者的意识状态确实是很难的。

那么，在这里，我来举一个旁观自己、自我指导的方法。关于你现在正在烦恼的主题，你可以试着自我旁观一下。首先，请选择一个并不那么严重的烦恼主题。如果你在还没形成习惯的时候就从太过于严重的问题着手的话，接下来的 Step2，有可能会对你的心理造成过度的负担，所以请一定要注意这一点。

Step1

最初从放松开始。坐在椅子上，做几次深呼吸，肩膀不要使力。在放松肩膀的时候，要先狠狠地向肩膀上使力，然后迅速地放掉这股力道，就能很好地放松了。

Step2

一边坐在椅子上，一边回忆你在这段烦恼中最苦闷的瞬间。你在哪里？和什么样的人在一起？正在做什么？那个时候看见的东西、听见的东西、感受到的身体的感觉，就像那个瞬间是在现在发生的一样，请试着尽可能逼真地去感受它。那么，这个瞬间你所感受到的心情是什么样的心情呢？

一旦你强烈地感受到了这种心情，身体是什么样的反应呢（胸口难受、肩膀沉重等）？请你如实地感知这些。

Step3

接着，是稍微有点奇怪的一段话。就像是要摆脱自己的身体和心灵一样，你要从正在坐着的地方站起来，只移动两三步到别的地方去。

离开了座位以后，就在你离开的那个地方，伸伸懒腰，啪嗒啪嗒地跺跺脚，尽情地放松一下。因为你刚刚有临场感地体验了烦恼的瞬间，所以在这里，请尽情放松一下身心。在这时好好放松是非常重要的。

Step4

充分放松了之后，就在离开了那把椅子后来到的这个位置上，就像对待别人的事情那样，看看Step2里十分苦恼的自己（正坐在椅子上）。像观看视频一样也可以，像从云层上方眺望的感觉也可以，请用符合你感受的感觉去看。接着，请试着冷静地实况转播一下这种苦恼的状况。

Step5

如果浮现出了什么解决的主意，或者想要提出的建议的话，就从这个位置上告诉给那个正在苦恼的自己吧。

这就是像旁观者一样审视自己的方法。这种方法，能让你把事实和执念区分开来，让你像对待别人一样给正在苦恼的自己提出建议。

有的时候也会发生这种事：针对烦恼的有效解决方法会突然间闪现出来。这是因为，你的立场从当事者变成了旁观者，于是你的视野开阔了，对自己的客观性增加了，能够看到更多超越执念的事实了。

另外，你应该察觉到了吧，在 Step2 中你所感受到的身体上的感觉（胸口难受、肩膀沉重等）也发生了变化。**特别是当你发现身体感觉上发生了变化时，你要知道那就是在潜意识层面你的执念正在被改写的证据。**这是因为潜意识和身体感觉是直接联系在一起的。

举个例子，如果在潜意识的层面改写了恐狗症的话，那么即使犬只靠近你，你也不会再有发抖、心脏扑通扑通跳的身体感受了，这与上面所说的原理是相同的。

此外，旁观自己的习惯还有另一个好处：**你能够了解到在这之前没有看到的事实。**

如果只以当事者的执念状态持续下去的话，你的视界会不断变得狭窄，变得无法客观地看待事实。这不但会让你忽略事实，甚至还会让你把执念和事实混同起来。这是经常发生的故事，"反正他们也讨厌我！"有的人会把这种根深蒂固的想法错误地当成事实，从而亲手导致人际关系不断恶化，这种模式就属于我们所说的这一种。

人，即使是亲身体验过的事情，也只能看到事实的片段。例如，即使看到了相同的东西，有的人会说："这是个六角形、中心有个圆形黑色东西的物体。"有的人会说："这是个细长的物体。"还有人会说："这是个尖的、尖端是黑色三角形的物体。"这种现象表明了，从不同角度去看，在人的心中所认识到的事实也是不同的。如果陷入当事者意识当中，你就会经常性地只能捕捉到片段的情报。试着以旁观者的姿态俯瞰它的话，就会因视野开阔而了解到多种多样的事实，就会知道它就是铅笔。

如上所述，抱有旁观者的视角，从各种各样的角度出发去看待发生的事件或者事实，可以说对于打破执念的束缚是非常有效的。养成拥有这种视角的习惯，会让你每天的精神压力水平下降，同时会使得你对所发生事件的掌控力显著上升。

Check lists

·即使发生的事情相同，根据认知方式的不同，情感也会产生变化。

·养成采取积极看法的习惯，能让你得到对未来乐观的视点。

·如何控制潜意识中执念（信念、价值观），是使心灵安定、在日常层面上减轻精神压力的关键点。

·想象眼前的人最棒的笑脸的习惯，能让你的待人接物能力显著上升。

 ·旁观自己的习惯，能够让你把事实与执念区分开，开阔视野。

结束语

读到最后，你对习惯化的热情，又增长了多少呢?

我理解你一次性就想要养成各种习惯的心情。但是，请先试着把一个习惯彻底地固定下来，直到可以无意识地去行动。

对于拿到本书并读到了这里的你来说，你已经做好了向它进发的准备。

如果你察觉到了自己真正的目标，并且触动了内心的开关的话，那么你就自然而然地开始向着这个目标前进了。

请大家一定要多次重读本书，使用上面所写的知识和做法，把良好的习惯牢牢地固定下来。我想，大家一定能切实地感觉到，把潜意识变成朋友的同时，令自己都吃惊的成果也就产生了。

和潜意识交朋友这个习惯化的方法，可以说是**最简单的成功**

法则。

在从事心理教练、讲师这种可谓"支援性"的工作的时候，我总能感觉到的是："没能察觉到自己巨大可能性的人是何其多啊！"处于这种状态的人们，接受了指导、演讲和培训之后，在发现了自身可能性的同时，也在人生层面上产生了具有冲击性的巨大变化，作为一个碰见过很多这种例子的人，我能说的是："**你具有远超于你想象的可能性。**"

这本《改变自己的习惯力》，就是一本成为发动你那巨大可能性的开关的书。

一边写着这本书，我一边在不断思考的是：那些接受了我的指导、演讲、培训之后，在人们身上发生的巨大变化，要如何才能在正在阅读本书的你身上唤醒呢？为此，我对文章的构成和表达方式进行了反复多次的审视研究，费尽了心思。于是，作为有助于引出这股力量的最恰当的契机，我向大家传达了"习惯化"这一启动开关的方法。

再说一次，你拥有远超于你想象的可能性！

所有的一切，都始于你对这一点的深信不疑。

我们应当相信的，是人类的可能性（潜力）。如果一直让这股力量沉睡着的话，那也太浪费了。你人生的主人公，就是你自己。我确信，你即将坚定地迈出值得纪念的小小的第一步，你即将引出你那出人意料的潜力。然后，你将成为为更多的人贡献力量的存在。

你就是力量，是力量的结晶。

最后，依靠各方的力量，本书得以出版，对此我从心里表示感谢。

想一想多年前的我自己，那时我无论如何也想不到自己会成为书籍的作者。这样的我，首先从试着相信自己的可能性开始，从养成了作为开关的早起习惯起，令人惊讶的变化一个接一个地发生，并且，我还得到了多方的帮助。值此出版之际，我想对给了我巨大助力的各位，从内心深处表达我的感谢。

直接与我畅谈出版相关事宜，这次特别是作为编辑与我来往密切的 Cross Media 出版社的小早川幸一郎社长，以及给了我很多支援的播磨谷菜都生先生，我要向这二位表达感谢。小早川社长为人稳重，偶尔展现出的作为干练编辑的敏锐视点给了我很深刻的印象。播磨谷先生频繁为我提供必要的数据和资料，真是帮了我很多。

为我创造了这次出版契机的大嶋朋子女士、富樫佳织女士，真的非常感谢你们。与这二位的缘分是一切的开始。

我的指导师平本明夫先生、宫越大树先生，以及 NLP 师山崎启支先生，我从内心深处向你们表达感谢。大家给我的教导，深刻地反映在了这本书中，真的非常感谢。

堀江裕美、濑户山裕一、堂山祐弥名、宫胁小百合、武田早苗、山内柳子、花岛孝夫、山田觉也、山田叶月、桥本幸惠、关口寿子、渡边纯子、野吕亚纪子、仁平宽子、仁平桃子、阿部惠理子、浦野隆、安藤司、加藤大、小林正伸、小林朋子、反町智孝、中嵨裕则、板野司、住福纯、有江健彦、都筑宏一、山本加纳美（排名不分先后），我发自内心向各位表达感谢。

还有，在字面上不能尽述，我想向得到你们宝贵的帮助、以各种形式陪伴着我的每一个人，发自内心地表达感谢。

另外，我也发自内心地感谢拿到并阅读本书的各位。我相信，本书会成为大家发生巨大变化的契机。我非常感谢这种缘分。不管是指导、演讲，还是培训，我从内心深处期待着能与各位在某一天以某种形式邂逅。

最后，我想向一直支持我的妻子表达内心深处的感谢，我能走到现在也多亏了你，真的非常感谢。

并且，我将这本书献给了我巨大影响的母亲，以及我最爱的儿子和女儿。

　　感谢大家读到最后。

　　　　　　　　　　　　　　　　　　　　　三浦将